青少年人工智能与编程系列丛书

跟我学 Python二级

教学辅导

潘晟旻　　　　主　编

方娇莉　赵嫦花　副主编

清华大学出版社

北京

内 容 简 介

本书是与"青少年人工智能与编程系列丛书"《跟我学 Python 二级》相配套的教学辅导书。全书共 10 个单元，内容覆盖青少年编程能力 Python 编程二级标准全部 12 个知识点，并与《跟我学 Python 二级》（以下简称"主教材"）完美呼应，可有效促进模块编程能力的养成。为了帮助学习者深入了解教材的知识结构，更好地使用教材，同时帮助教师形成便于组织的教学方案，本书对主教材各单元的知识点定位、能力要求、建议教学时长、教学目标、知识结构、教学组织安排、教学实施参考、问题解答、习题答案等内容进行了系统介绍和说明。本书还提供了补充知识、拓展练习等思维拓展内容，任课教师可以根据学生的学业背景和年龄特点灵活选用。

本书可供报考全国青少年编程能力等级考试（PAAT）Python 二级科目的考生自学，也是教师组织教学的理想辅导教材。

图书在版编目（CIP）数据

跟我学 Python 二级教学辅导 / 潘晟旻主编 . —北京：清华大学出版社，2023.8
（青少年人工智能与编程系列丛书）
ISBN 978-7-302-64027-1

Ⅰ.①跟… Ⅱ.①潘… Ⅲ.①软件工具－程序设计 Ⅳ.① TP311.561

中国国家版本馆 CIP 数据核字（2023）第 126359 号

责任编辑：谢 琛 薛 阳
封面设计：刘 键
责任校对：申晓焕
责任印制：宋 林

出版发行：清华大学出版社
      网 址：http://www.tup.com.cn, http://www.wqbook.com
      地 址：北京清华大学学研大厦 A 座   邮 编：100084
      社 总 机：010-83470000   邮 购：010-62786544
      投稿与读者服务：010-62776969, c-service@tup.tsinghua.edu.cn
      质量反馈：010-62772015, zhiliang@tup.tsinghua.edu.cn
印 装 者：三河市铭诚印务有限公司
经 销：全国新华书店
开 本：185mm×260mm   印 张：7.75   字 数：146 千字
版 次：2023 年 8 月第 1 版   印 次：2023 年 8 月第 1 次印刷
定 价：69.00 元

产品编号：094746-01

序

Preface

　　为了规范青少年编程教育培训的课程、内容规范及考试，全国高等学校计算机教育研究会于 2019—2022 年陆续推出了一套"青少年编程能力等级"团体标准，包括以下 5 个标准：

- 《青少年编程能力等级　第 1 部分：图形化编程 》(T/CERACU/AFCEC/SIA/CNYPA 100.1—2019)
- 《青少年编程能力等级　第 2 部分：Python 编程 》(T/CERACU/AFCEC/SIA/CNYPA 100.2—2019)
- 《青少年编程能力等级　第 3 部分：机器人编程 》(T/CERACU/AFCEC 100.3—2020)
- 《青少年编程能力等级　第 4 部分：C++ 编程 》(T/CERACU/AFCEC 100.4—2020)
- 《青少年编程能力等级　第 5 部分：人工智能编程 》(T/CERACU/AFCEC 100.5—2022)

　　本套丛书围绕这套标准，由全国高等学校计算机教育研究会组织相关高校计算机专业教师、经验丰富的青少年信息科技教师共同编写，旨在为广大学生、教师、家长提供一套科学严谨、内容完整、讲解详尽、通俗易懂的青少年编程培训教材，并包含教师参考书及教师培训教材。

　　这套丛书的编写特点是学生好学、老师好教、循序渐进、循循善诱，并且符合青少年的学习规律，有助于提高学生的学习兴趣，进而提高教学效率。

　　学习，是从人一出生就开始的，并不是从上学时才开始的；学习，是无处不在的，并不是坐在课堂、书桌前的事情；学习，是人与生俱来的本能，也是人类社会得以延续和发展的基础。那么，学习是快乐的还是枯燥的？青少年学习编程是为了什么？这些问题其实也没有固定的答案，一个人的角色不同，便会从不同角度去认识。

　　从小的方面讲，"青少年人工智能与编程系列丛书"就是要给孩子们一套易学易懂的教材，使他们在合适的年龄选择喜欢的内容，用最有效的方式，愉快地学点有用的知识，通过学习编程启发青少年的计算思维，培养提出问题、分析问题和解决问题的能力；从大的方面讲，就是为国家培养未来人工智能领域的人才进行启蒙。

　　学编程对应试有用吗？对升学有用吗？对未来的职业前景有用吗？这是很

多家长关心的问题，也是很多培训机构试图回答的问题。其实，抛开功利，换一个角度来看，一个喜欢学习、喜欢思考、喜欢探究的孩子，他的考试成绩是不会差的，一个从小善于发现问题、分析问题、解决问题的孩子，未来必将是一个有用的人才。

安排青少年的学习内容、学习计划的时候，的确要考虑"有什么用"的问题，也就是要考虑学习目标。如果能引导孩子对为他设计的学习内容爱不释手，那么教学效果一定会好。

青少年学一点计算机程序设计，俗称"编程"，目的并不是要他能写出多么有用的程序，或者很生硬地灌输给他一些技术、思维方式，要他被动接受，而是要充分顺应孩子的好奇心、求知欲、探索欲，让他不断发现"是什么""为什么"，得到"原来如此"的豁然开朗的效果，进而尝试将自己想做的事情和做事情的逻辑写出来，交给计算机去实现并看到结果，获得"还可以这样啊"的欣喜，获得"我能做到"的信心和成就感。在这个过程中，自然而然地，他会愿意主动地学习技术，接受计算思维，体验发现问题、分析问题、解决问题的乐趣，从而提升自身的能力。

我认为在青少年阶段，尤其是对年龄比较小的孩子来说，不能过早地让他们感到学习是压力，是任务，而要学会轻松应对学习，满怀信心地面对需要解决的问题。这样，成年后面对同样的困难和问题，他们的信心会更强，抗压能力也会更强。

针对青少年的编程教育，如果教学方法不对，容易走向两种误区：第一种，想做到寓教于乐，但是只图了个"乐"，学生跟着培训班"玩儿"编程，最后只是玩儿，没学会多少知识，更别提能力了，白白占用了很多时间，这多是因为教材没有设计好，老师的专业水平也不够，只是哄孩子玩儿；第二种，选的教材还不错，但老师只是严肃认真地照本宣科，按照教材和教参去"执行"教学，学生很容易厌学、抵触。

本套丛书是一套能让学生爱上编程的书。丛书体现的"寓教于乐"，不是浅层次的"玩乐"，而是一步一步地激发学生的求知欲，引导学生深入计算机程序的世界，享受在其中遨游的乐趣，是更深层次的"乐"。在学生可能有疑问的每个知识点，引导他去探究；在学生无从下手不知如何解决问题的时候，循循善诱，引导他学会层层分解、化繁为简，自己探索解决问题的思维方法，并自然而然地学会相应的语法和技术。总之，这不是一套"灌"知识的书，也不是一套强化能力"训练"的书，而是能巧妙地给学生引导和启发，帮助他主动探索、解决问题，获得成就感，同时学会知识、提高能力的一套书。

丛书以"青少年编程能力等级"团体标准为依据，设定分级目标，逐级递进，学生逐级通关，每一级递进都不会觉得太难，又能不断获得阶段性成就，使学生越学越爱学，从被引导到主动探究，最终爱上编程。

优质教材是优质课程的基础，围绕教材的支持与服务将助力优质课程。初学者靠自己看书自学计算机程序设计是不容易的，所以这套教材是需要有老师教的。教学效果如何，老师至关重要。为老师、学校和教育机构提供良好的服务也是本套丛书的特点。丛书不仅包括主教材，还包括教师参考书、教师培训教材，能够帮助新的任课教师、新开课的学校和教育机构更快更好地建设优质课程。专业相关、有时间的家长，也可以借助教师培训教材、教师参考书学习和备课，然后伴随孩子一起学习，见证孩子的成长，分享孩子的成就。

成长中的孩子都是喜欢玩儿游戏的，很多家长觉得难以控制孩子玩计算机游戏。其实比起玩儿游戏，孩子更想知道游戏背后的事情，学习编程，让孩子体会到为什么计算机里能有游戏，并且可以自己设计简单的游戏，这样就揭去了游戏的神秘面纱，而不至于沉迷于游戏。

希望这套承载着众多专家和教师心血、汇集了众多教育培训经验、依据全国高等学校计算机教育研究会团体标准编写的丛书，能够成为广大青少年学习人工智能知识、编程技术和计算思维的伴侣和助手。

清华大学计算机科学与技术系教授　郑　莉
2022 年 8 月于清华园

前 言

国家大力推动青少年人工智能和编程教育的普及与发展，为中国科技自主创新培养扎实的后备力量。Python 语言作为贯彻《新一代人工智能发展规划》和《中国教育现代化 2035》的主流编程语言，在青少年编程领域逐渐得到了广泛的推广及普及。

当前，作为一项方兴未艾的事业——青少年编程教育在实施中陷入因地区差异、师资力量专业化程度不够、社会培训机构庞杂等诸多因素引发的无序发展状态，出现了教学质量良莠不齐、教学目标不明确、教学质量无法科学评价等诸多"痛点"问题。

本书以团体标准《青少年编程能力等级 第 2 部分：Python 编程》（T/CERACU/AFCEC/SIA/CNYPA 100.2—2019，以下简称"标准"）为依据，内容覆盖 Python 编程二级 12 个知识点，与《跟我学 Python 二级》相配合，形成了便于老师组织教学、家长辅导孩子学习 Python 的方案。书中涉及的拓展知识可以根据学生的学业背景知识和年龄特点灵活选用。本书中的题目均指的是主教材的题目。

本书融合了中华民族传统文化、社会主义核心价值观、红色基因传承等思政元素，注重以"知识、能力、素养"为目标，实现"育德"与"育人"的协同。本书内容与符合标准认证的全国青少年编程能力等级考试——PAAT 深度融合，教材所述知识点、练习题与考试大纲、命题范围、难度及命题形式完全吻合，是 PAAT 考试培训的理想教材。

使用规范、科学的教材，推动青少年 Python 编程教育的规范化，以编程能力培养为核心目标，培养青少年的计算思维和逻辑思维能力，塑造面向未来的青少年核心素养，是本教材编撰的初心和使命。

本书由潘晟旻组织编写并统稿。全书共 10 个单元，其中，第 1、4、5、6单元由马晓静撰写，第 2、3 单元由罗一丹撰写，第 7、8、9、10 单元由赵嫦花撰写。方娇莉进行了全书的立体资源建设。

本书的编写得到了全国高等学校计算机教育研究会的立项支持（课题编号：CERACU2021P03）。畅学教育科技有限公司为本书提供了插图设计和平台测试的支持。全国高等学校计算机教育研究会——清华大学出版社联合教材工作室对本书的编写给予了大力协助。"PAAT 全国青少年编程能力等级考试"考试委员会对本书给予了全面指导。郑骏、姚琳、石健、佟刚、李莹等专家、学者

对本书进行了审阅和指导。在此对上述机构、专家、学者和同仁一并表示感谢！

　　希望老师们利用本教材顺利开展青少年 Python 编程的教学，培养孩子们的计算思维能力，引领孩子们愉快地开启 Python 编程之旅，学会用程序与世界沟通，用智慧创造未来。

编　者

2023 年 4 月

目 录

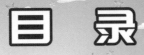

Contents

第1单元
算　法

青少年编程能力"Python 二级"核心知识点 3：算法及其特性。

（1）理解算法的概念，能够用语言描述算法。

（2）理解算法的 5 个特性，能对给出的算法是否符合 5 个特性进行简单的判断。

（3）了解算法的描述方式和算法好坏的判断依据。

本单元建议 2 课时。

1. 知识目标

本单元主要学习算法的特征，理解计算机算法的概念和特性，掌握算法的描述方法，掌握基本的算法分析和评价的准则和方法。

2. 能力目标

能够自己思考并提出问题的解法，用语言把解法描述出来，通过文字或流程图写出，给出步骤明确且符合算法的 5 个特性的具体算法。

3. 素养目标

以算法的思想去思考解决问题的方法，从算法的几个特性来判断算法的可行性，并从多个解决方案中找到最合理的一个，培养计算思维和比较思维。

1.5 知 识 结 构

本单元知识结构如图 1-1 所示。

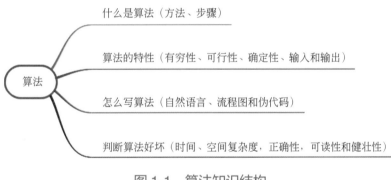

图 1-1 算法知识结构

1.6 补 充 知 识

1. 算法是什么

算法是指解题方案的准确而完整的描述，是一系列解决问题的清晰指令。

算法代表着用系统的方法描述解决问题的策略机制。也就是说，能够对一定规范的输入，在有限时间内获得所要求的输出。如果一个算法有缺陷，或不适合于某个问题，执行这个算法将不会解决这个问题。不同的算法可能用不同的时间、空间或效率来完成同样的任务。一个算法的优劣可以用空间复杂度与时间复杂度来衡量。

2. 算法的 5 个重要特征

有穷性：算法必须能在执行有限个步骤之后终止。

确定性：算法的每一步骤必须有确切的定义。

输入：一个算法有 0 个或多个输入，以刻画运算对象的初始情况，所谓 0 个输入，是指算法本身定出了初始条件。

输出：一个算法有 1 个或多个输出，以反映对输入数据加工后的结果。没有输出的算法是毫无意义的。

可行性：算法中执行的任何计算步骤都是可以被分解为基本的可执行的操作步骤的，即每个计算步骤都可以在有限时间内完成（也称为有效性）。

3. 算法的不同表示形式

讲解算法写法时讲到的流程图用到了一些常用的符号，这部分内容需要补充一下。

第一种：用自然语言。用汉语、英语等自然语言讲清楚算法的操作步骤。这种方式的优点是简单直接以及被人所习惯，缺点在于自然语言可能导致歧义或理解错误。

第二种：流程图。流程图使用一组预先定义的规范符号，用图形的方式表达算法的操作步骤，特别是表达算法中操作步骤的衔接关系以及算法中的流程控制。这种方式易于理解，直观清晰。流程图主要描述了算法的执行过程，用到的符号如表 1-1 所示。

表 1-1　流程图符号

符　　号	名称及作用
⬭	起止框：表示算法的开始和结束
▱	输入输出框：表示输入和输出的数据
◇	判断框：进行条件的判断，多用在选择和循环结构中

续表

符　　号	名称及作用
□	处理框：算法中执行的步骤
⟶	流程线：算法中执行步骤的走向

例如，图 1-2 所示是一个流程图的示例。

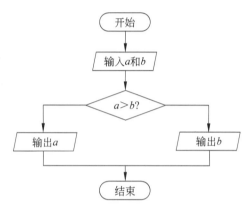

图 1-2　输出两个数中的较大数的算法流程图

第三种：伪代码。用接近或类似程序设计语言的方式描述算法。

4. 衡量和评价一个算法的标准

1）正确性

算法的正确性是评价一个算法优劣的最重要标准。

2）可读性

算法的可读性是指一个算法可供人们阅读的容易程度。

3）复杂度

同一个问题可用不同的算法解决，而一个算法的质量优劣将影响到算法乃至程序的效率。算法分析的目的在于选择合适的算法和改进算法。一个算法的评价主要从时间复杂度和空间复杂度来考虑。算法的时间复杂度是指执行算法所需要的计算工作量，算法的空间复杂度是指算法需要消耗的内存空间。有的算法在面对小规模的输入时尚且可行，但在大规模的输入时，需要的计算工作量和（或）存储空间急剧增加，导致不能在可接受的时间内完成计算任务，或者所需的存储空间在具体的计算机上不切实际，这都使算法变得不再可行，或

者说不是一个好的算法。

1.7　教学组织安排

教学环节	教 学 过 程	建议课时
算法知识导入	从学生熟悉的西红柿炒鸡蛋开始，讨论要做这道菜，应该怎么做	1 课时
算法理解	用排列组合的案例和学生讨论，引导学生思考"方法"和"步骤"；让学生列举自己熟悉的解决问题的方法和步骤	
算法特性分析	再次讨论排列组合的算法，围绕算法的 5 个特性分析每个步骤，期望学生能自己分析出累加程序的 5 个特性	1 课时
算法的写法	主要讲述算法的三种方式	
算法的判断	简单讨论算法的 5 个判断标准	
单元总结	总结本单元内容	

1.8　教学实施参考

1. 讨论式知识导入

　　讨论"西红柿炒鸡蛋"的做法，请 1~2 位学生讲自己的做法（或者看到妈妈的做法，或者自己认为的做法），引导学生着重讲步骤。不同的学生会有不同的讲法、不同的实现步骤，正好可以说明相同的问题可以有不同的处理方法。在这个部分的讨论着重强调"方法"和"步骤"。

2. 知识点一：方法和步骤

　　再引入排列组合的案例：彩虹糖的制作，讨论有多少种配色方法。本案例教材中给出了 3 种算法，让学生用语言描述每一种算法。进一步加深对"方法"

和"步骤"的理解。结合教材"想一想"中的问题 1-1，请学生描述一下配色方案的计算。

老师和学生共同分析程序代码。为了说明次数，这里用到了 3 层循环。本程序仅用来讨论，不需要学生编写 3 层循环的程序，可以让学生尝试写两层循环。

```python
from turtle import *
outer=['red','skyblue','pink']
middle=['yellow','palegreen','orange']
inner=['violet','silver','tomato']
penup()
goto(-400,200)
pendown()
for i in range(0,3):
    for j in range(0,3):
        for k in range(0,3):
            pencolor(outer[i])
            dot(80,outer[i])
            pencolor(middle[j])
            dot(50,middle[j])
            pencolor(inner[k])
            dot(30,inner[k])
            penup()
            fd(100)
            pendown()
    penup()
    goto(-400,200-100*(i+1))
    pendown()
```

运行结果如图 1-3 所示。

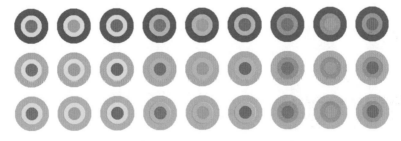

图 1-3　程序绘制彩虹糖的运行结果

3. **知识点二：讨论算法的 5 个特性**

再次以"彩虹糖配色"为例，通过与学生互动的形式引导学生理解 5 个特性。

特性 1：有穷性。主要说明算法的步骤是有限的。有限即可以接受有限次操作就能完成算法。例如，"彩虹糖配色"的方案是有限的，共 27 种配色。

特性 2：可行性。主要讨论算法要可以执行。执行没有什么特殊的要求，例如，在配色和绘画过程中，对颜色种类、所画的图形没有特殊的要求，用 turtle 库就可以完成。

特性 3：确定性。主要讨论算法的每个操作都不能有二义性，要有确定的含义。算法中明确是画圆，而不是画其他图形。

特性 4：输入。每个算法都要有输入数据，无论这个数据是程序中自带的还是运行时输入的，都必须要有输入。各种颜色和圆点的不同半径就是输入。

特性 5：输出。算法执行完毕，要有结果输出，这个结果可以输出给用户看到，也可以输出给其他程序使用。最后配色好的彩虹糖以图形展示，就是输出。

4. **怎么写算法**

用主教材中例 1-2 讲解算法的几种描述方式。

第一种：用自然语言。不用强调描述的规范性，但是要把步骤讲清楚。通过简洁、清楚的话语把方法和步骤讲清楚。可以让学生先讲，总结学生讲到的关键步骤，再看具体的描述。

第二种：流程图。使用流程图实例让学生体会算法的操作流程。

第三种：伪代码。这种方法告知即可，不用细讲。

5. **判断算法好坏**

这里讲到了判断的 5 个标准。可以用学生熟悉的例子或图片描述一下。

图 1-4　学生排座位

时间复杂度：用例 1-2 或例 1-1 彩虹糖的制作，请学生计算其中基本操作的次数是多少。让学生计算如果彩虹糖只有两圈，那么次数又是多少。以此让学生理解算法的执行时间和基本操作次数有关。

空间复杂度：用如图 1-4 所示的图片请学生

思考。要把班上的学生按学号排好座位，是在同一间教室排还是再用一间空教室来排。同一间教室，占用空间少，但是步骤比较多，再用一间空教室，占用空间多，但是步骤比较简单。

正确性：请学生自己总结为什么算法要正确。

可读性：强调要易懂，语句清楚。

健壮性：例 1-2 中，对输入数据的合法性判断就保证了算法处理数据的正确，能够让用户重新输入，算法就有了容错能力（可以处理错误，是健壮的）。

 本单元知识总结

小结本单元的内容，布置课后作业。

1.9 拓展练习

（1）输入一个正整数，判断它是不是一个素数。有几种判断方法，把每种方法的解决方式写出来，并进行分析。

对于这个问题，学生可能会想到的方法有以下几种。

① 用 n/i（$1<i\leqslant n-1$），这是常规方法。

② 用 n/i（$1<i\leqslant n/2$），分析后会得到这个方法。

③ 用 n/i（$1<i<\sqrt{n}$），部分有数论基础的学生会想到这种方法。

④ 用埃拉托色尼方法，逐个排除 n 以内的已知素数的倍数。少部分学生会想到这种方法，应该鼓励学生用这种方法来解决。

总结学生想到的方法。这个问题主要说明解决同一个问题有不同的方法，用算法的 5 个特性和 5 个判断标准去分析这些方法。

（2）编写"九九乘法表"程序，并用算法的 5 个特性分析程序。

"九九乘法表"的部分代码如下。

```python
for i in range(1,10):
    for j in range(1,i+1):
        print("{}*{}={:2}".format(j,i,i*j),end='')
    print('')
```

算法特性分析如下。

有穷性：循环次数有限。

可行性：算法执行次数最多的操作是乘法，是基本的算术运算。

确定性：每个语句都有确定的含义，没有二义性。

输入：程序有 0 个输入，数据都在程序中给定。

输出：用 print 输出乘法表。

1.10 问题解答

【问题 1-1】 要求学生能说出每种计算配色方案的方法，把教材中"表 1-1 彩虹糖配色表"补充完整。说出哪个好的同时说明为什么。

【问题 1-2】 请学生任意说一个已经写过的程序（最好是有循环的），说出自己的想法，并用相关的算法特性和判断标准进行分析。

【问题 1-3】 选 B。判断了是否为正整数后，才能执行下一步的步骤，这里保证了输入的数据是对的。

1.11 第1单元习题答案

1. A 2. C 3. C 4. D 5. B

本单元资源下载可扫描下方二维码。

课件 1   扩展资源 1

2.1　知识点定位

青少年编程能力"Python 二级"核心知识点 2：函数。

2.2　能 力 要 求

掌握并熟练使用简单运算为主的标准函数，学会编写函数。具备运用基本标准函数的能力，具备编写无参函数、编写具有位置参数及默认参数的函数的能力。

2.3　建议教学时长

本单元建议 2 课时。

2.4　教 学 目 标

 知识目标

本单元以函数学习为主，通过学生日常学习生活场景联系实际案例，让学生认识函数的定义，扩充标准函数及自己动手编写不同的函数，为后续渐进的综合应用打下良好的基础。

2. **能力目标**

通过学习 Python 函数，掌握用计算机解决复杂问题的方法，锻炼学习者分工合作、利用已有工具、开发新工具的能力，培养其计算思维能力。

3. **素养目标**

引入星座、满屏爱心、水果统计及数学等相关内容，增加趣味性，增进对自然现象和人类改造社会活动的了解；通过程序函数问题树立和培养学生分工合作、分而治之、循环利用的意识和能力，教给学生面对困难的方法。

2.5　知识结构

本单元知识结构如图 2-1 所示。

图 2-1　函数入门知识结构

2.6　补充知识点

1. **函数的作用**

虽然编程时为了落实算法的步骤以及达到程序的目的，我们一定会非常关

注语句的书写，但是在编程中，无论是使用现有的功能，还是实现一个新的功能，还是推荐多使用函数。使用函数具有以下作用和优点。

（1）减少代码的冗余，增加程序的可扩展性和维护性。

（2）提高应用的模块性和代码的重复利用率。

（3）避免重复编写代码，函数的编写更容易理解、测试代码。

（4）保持代码的一致性，方便修改，更易于扩展。

就像如图 2-2 所示的飞机由很多的部件组成一样，程序也可以由很多部件组成。飞机中的每个部件就犹如程序中的一个函数，程序中的每个函数本身可能并不一定非常复杂，但是当很多函数有机地综合在一起构成整体的程序时，就可以完成一件很复杂的事情。类似地，小到一个螺丝钉的零部件看似平常无奇，但是小的零部件巧妙合理地组织在一起时，就能够组装成了不起的大飞机。

程序中的函数可以完成一个特定的功能。根据提供功能的方式和函数的使用特点，函数可以有返回值（使用 return 返回），也可以没有返回值（或者返回 None）。

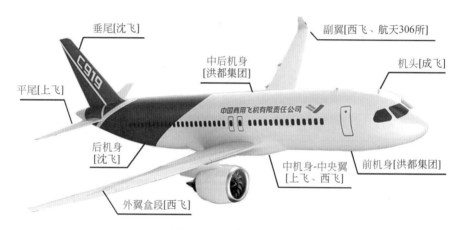

图 2-2　飞机的组成

2. 函数的形参和实参

函数参数按定义和调用这两方面来说分为以下两大类。

（1）形式参数：在函数定义阶段括号内定义的参数为形式参数，简称"形参"。例如，在定义函数 func() 的程序段中，x 和 y 称为函数的形参。

```
def func(x,y):
    pass
```

（2）实际参数：在函数调用阶段括号内填写的参数为实际参数，简称"实参"。例如，在调用函数 func( ) 时，所提供的 1 和 2 称为函数的实参。

```
func(1,2)
```

可以结合图 2-3 这样形象地理解：假设有一个榨汁机函数，它的功能是将各种水果蔬菜榨成果汁。这个函数的形参就是预期的"水果"，它是预料之中但还没有真正发生的；但当真正向榨汁机投放苹果、香蕉、草莓时，这些真实的苹果、香蕉、草莓等水果就是实参。

图 2-3　果汁机

3. 函数参数的种类

在函数定义中的参数，可以被分为位置参数、可选参数、可变参数、命名关键字参数、关键字参数等不同种类。其中前两种位置参数和可选参数在《跟我学 Python 一级》中进行了讲解，在此主要补充说明后面的三种参数。

（1）可变参数：只需要在形参前面加一个 *（星号），函数便可以接收任意个数的参数。星号形参的形式说明相应的位置可以接受可短可长的任意的实参序列，因此被称为可变参数。一个带有星号形参的函数被调用时，多个位置的参数值被组织成一个元组，传递给带星号的形参，所以在函数内部进行元组遍历就可以访问传入的多个参数值。例如，果汁机函数中，水果种类可变，如图 2-4 所示。

图 2-4　榨汁

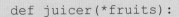

```
def juicer(*fruits):
    s = ""
```

```
    for fruit in fruits:
        s += fruit
    return s
```

调用函数：

```
print(juicer(' 菠萝 ',' 苹果 ',' 橙子 ')+" 汁 ")
```

运行结果为：

菠萝苹果橙子汁

不难看出，上面的程序在调用 juicer(' 菠萝 ',' 苹果 ',' 橙子 ') 时，直接填入了 3 个实参，得到 3 种果蔬的混合果汁。也可以修改程序，使程序能够在运行时输入多少种水果，就能得到多少种水果的混合果汁。

调用函数：

```
a = input(" 输入水果以，隔开 :")
print(juicer(a)+" 汁 ")
```

运行结果为：

输入水果以，隔开 : 菠萝，苹果，橙子
菠萝，苹果，橙子汁

结果与上一个结果不一样，为什么？怎么办？之所以这样，是因为在 juicer(a) 的调用中，确确实实地传入了一个实参，它就是 a。Python 允许用户在 list 或 tuple 前面加一个 * 号，把 list 或 tuple 的多个元素作为一个个独立的实参向函数传递。这样的语法特性称为迭代解包。例如：

```
a = input(" 输入水果以，隔开 :").split(',')
print(juicer(*a)+" 汁 ")
```

运行结果为：

输入水果以，隔开 : 菠萝，苹果，橙子
菠萝苹果橙子汁

（2）命名关键字参数：定义函数时，命名关键字参数需要一个特殊分隔

符 *,* 后面的参数被视为命名关键字参数。函数调用时，实参必须给出参数名。例如，写一个关于飞船的函数用来描述如图 2-5 所示载人航天飞船，并且关于神舟十四号载人飞船，我们了解到如图 2-6 所示的相关信息。如何实现？参考代码如下。

```
def spaceship(time,name,*,astronaut,last_time):
    print("{}，{} 载人飞船成功发射升空，{} 宇航员开启 {}"
          "个月的太空之旅。".format(time,name,
                                astronaut,last_time))
spaceship("2022 年 6 月 5 日"," 神舟十四号 ",
        astronaut=" 陈冬、刘洋、蔡旭哲 ",last_time=6)
```

图 2-5　神舟十四号载人飞船

中文名：神舟十四号载人飞船
发射时间：2022 年 6 月 5 日
宇航员：陈冬、刘洋、蔡旭哲
太空之旅持续时间：6 个月

图 2-6　神舟十四号载人飞船信息

如果调用时用以下语句：

```
spaceship("2022 年 6 月 5 日"," 神舟十四号 "," 陈冬、刘洋、蔡旭哲 ",6)
```

程序结果为：

```
Traceback (most recent call last):
    File "C:\ 教学 \python 青少年编程教材 \2level-t-2\2-b-3.py", line
4, in <module>
        spaceship("2022 年 6 月 5 日 "," 神舟十四号 ",
TypeError: spaceship() takes 2 positional arguments but 4
were given
```

程序出错的原因是：命名关键字必须使用"参数名 = 参数"的方式，参数名不能省略。

但如果修改为以下的调用形式，则能够正确调用。这是因为在 Python 语句中，形参的种类默认是既可以按位置传递，也可以按关键字传递。下面的语句中完全没有按照位置传递，而是全部使用关键字方式传递参数。值得注意的是，以关键字方式传递实参时，参数的顺序不受限制，例如，调用语句中的 time 出现在后，name 在前，这与函数定义中的形参先后顺序完全不符，究其本质是因为没有以参数出现的顺序来决定传递给哪个形参。而在函数定义的语句中，astronaut 和 last_time 参数出现在 * 后，则限定了这两个函数必须以关键字的方式指定实参（这样的形参称为 keyword-only 参数）。

```
spaceship(name=" 神舟十四号 ", time="2022 年 6 月 5 日 ",\
astronaut=" 陈冬、刘洋、蔡旭哲 ",last_time=6)
```

（3）关键字参数：定义函数时，如果形参名前加 **，** 后面的参数被视为命名关键字参数。关键字参数允许传入 0 个或任意个含参数名的参数，这些关键字参数在函数内部自动组装为一个 dict。以图 2-6 为例，用关键字参数怎么书写这个函数呢？

代码如下。

```
def spaceship(time,name,**kw):
print("{}, {} 载人飞船成功发射升空, {}".format\
(time,name,kw))
```

调用语句 1：

```
spaceship("2022 年 6 月 5 日 "," 神舟十四号 ")
```

运行结果为：

```
2022 年 6 月 5 日, 神舟十四号载人飞船成功发射升空, {}
```

调用语句 2：

```
spaceship("2022 年 6 月 5 日 "," 神舟十四号 ",\
astronaut=" 陈冬、刘洋、蔡旭哲 ",last_time="6 个月 ")
```

运行结果为：

```
2022 年 6 月 5 日, 神舟十四号载人飞船成功发射升空, {'astronaut': ' 陈冬、刘洋、蔡旭哲 ', 'last_time': '6 个月 '}
```

2.7 教学组织安排

教 学 环 节	教 学 过 程	建议课时
知识导入	通过师生对话了解函数的分类，分工合作完成复杂问题	
知识拓展	播放视频，学习函数的相关概念，引起学生的学习兴趣	
函数的定义	通过提问、讨论等互动，让学生了解函数的作用	1 课时
	提出实际问题：如公交卡打 9 折、显示星座、水果的统计问题，通过提问、讨论、动手操作、测试等互动，解决实际情况，无形中让学生掌握更多的标准函数	
自己动手编函数	通过爱心函数，掌握函数的定义及调用	
函数的参数	通过提问爱心的数量控制、颜色控制这两方面，掌握位置参数和默认参数的设置方法	1 课时
单元总结	以提问式总结本次课所学内容，布置课后作业	

2.8 教学实施参考

 讨论式知识导入

通过提问，思考标准函数是否可以解决所有问题。引导学生了解函数的分类。

2. 播放视频资料"函数 .mp4"

科普计算机编程中函数的概念及使用函数的作用，提高学生的学习兴趣。

3. 知识点一：函数的定义

（1）通过"黑盒"理解所有函数都能够完成特定功能，帮助学生理解函数的作用。

（2）通过讨论的方法引导学生理解分工合作的作用，让复杂的事情更加容易，及函数封装、函数抽象的好处。

（3）以测试方式完成"练一练"中的问题 2-1，了解学生关于函数复用及程序抽象的掌握情况。

（4）通过提问，了解其他标准函数。

（5）通过例 2-1 帮助小萌解决公交卡打折的问题，写出对应的代码；在程序出错的情况下，修改程序，使用 eval( ) 函数，提出相应的标准函数。

（6）以测试的方式完成学生用书上的"想一想"中的问题 2-2，加深理解 eval( ) 函数的使用规则。

（7）以测试的方式完成"练一练"中的问题 2-3，测试学生关于 eval( ) 函数、字符串运算的掌握情况。

（8）在小萌与小帅讨论星座的问题中，学习例 2-2 写出关于白羊座及 Unicode 编码的程序。

（9）以问答的方式完成学生用书上的"想一想"中的问题 2-3，加深理解 ord( )、chr( ) 函数的使用规则。

（10）以测试的方式完成"练一练"中的问题 2-5，测试学生关于 ord( )、chr( ) 函数的掌握情况。

（11）讲解例 2-3 帮助小帅统计水果种类的问题，写出对应的代码，了解 set( )、len( )、sorted( ) 函数。

（12）以问答的方式，完成学生用书上的"想一想"中的问题 2-7，了解 len( ) 函数的使用规则。

（13）以问答的方式，完成学生用书上的"想一想"中的问题 2-8，了解 in 关键字的使用规则。

（14）以问答方式，完成学生用书上的"想一想"中的问题 2-6，了解 len( ) 函数的使用规则。

（15）以问答方式，完成学生用书上的"想一想"中的问题 2-7，了解 in 关键字的使用规则。

（16）讲解例 2-4 在已知水果个数的情况下，给出升序、降序两种排序方式。

（17）以问答的方式完成学生用书上的"想一想"中的问题 2-8，加深理解 sorted( ) 函数的使用方法。

（18）以问答的方式完成学生用书上的"想一想"中的问题 2-9，加深理解 sorted( ) 函数内参数的使用方法。

（19）以测试的方式，完成"练一练"中的问题 2-10，测试学生关于 tuple( )、set( )、len( ) 函数及 in 关键字的掌握情况。

（20）以测试的方式完成"练一练"中的问题 2-11，测试学生关于 sorted( ) 函数的掌握情况。

（21）通过回答小萌的提问引导学生自己动手编写函数，并说明定义函数的方法。

4.　自己动手编函数

（1）通过例 2-5 帮助小萌制作绘制爱心的函数，加深自己动手编写函数的方法，并实际编写出来。

（2）以问答的方式完成学生用书上的"想一想"中的问题 2-12，加深对自定义函数的知识点理解。

（3）以问答的方式完成"想一想"中的问题 2-13，复习标准函数。

（4）以测试的方式完成"练一练"中的问题 2-14，测试学生关于自定义函数的掌握情况。

（5）通过帮助解决小萌无法看到结果的问题，提出函数的调用及执行后发生的步骤。

（6）以问答的方式完成学生用书上的"想一想"中的问题 2-15，加深对函数调用的理解。

（7）以问答的方式完成学生用书上的"想一想"中的问题 2-16，加深对函数调用的理解。

5.　函数的参数

（1）通过例 2-6 帮助小萌修改爱心函数，加深理解函数的实参与形参的概念，并实际编写出来。

（2）以问答的方式完成"想一想"中的问题 2-17，加深理解实参与形参的区别。

（3）以问答的方式完成"想一想"中的问题 2-18，理解实参与形参的数据类型一致性要求。

（4）以问答的方式完成"想一想"中的问题 2-19，理解必选参数的函数调用。

（5）总结位置参数的含义及注意点：必须传入参数。

（6）以测试的方式，完成"练一练"中的问题 2-20，测试学生关于带参的自定义函数的掌握情况。

（7）提出一个注意点：形参与实参类型不一致，程序不一定会有语法错误，可能会造成结果与预想的不一样。

（8）通过例 2-7 让爱心颜色更统一，理解默认函数的设置及使用方法。

（9）以问答的方式完成"想一想"中的问题 2-21，理解位置参数和默认参数。

（10）以问答的方式完成"想一想"中的问题 2-22，理解默认参数的设置。

（11）以问答的方式完成"想一想"中的问题 2-23，理解参数的调用方法。

（12）以问答的方式完成"想一想"中的问题 2-24，加深理解位置参数和默认参数在一起时应该如何调用。

（13）以测试的方式，完成"练一练"中的问题 2-25，测试学生关于有默认参数的自定义函数的掌握情况。

6. 单元总结

小结本次课的内容，布置课后作业。

2.9 拓展练习

（1）绘制红边、填充色为黄色的正多边形，默认为正三角形。

当输入 3 并按回车键后，绘制如图 2-7 所示的正三角形。当输入 7 并按回车键后，绘制如图 2-8 所示的正七边形。

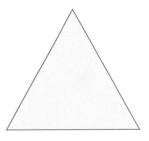

图 2-7 正三角形

图 2-8 正七边形

程序代码如下。

```
from turtle import *
def draw_polygon(n=3):
    hideturtle()
    color('red','yellow')
    begin_fill()
    for i in range(n):
        fd(100)
        left(360/n)
    end_fill()
    done()
s=input("可绘制正多边形默认为正三角形，如需更改多边形边数，"
        "输入数字并按回车键，不更改直接按回车键，请输入你的选择：")
if s =="":
    draw_polygon()
else:
    draw_polygon(eval(s))
```

（2）绘制多个二维空间均匀分布的多个线条为红色的圆。

程序运行时，输入情况如下时，得到如图 2-9 所示图形。

输入圆的个数：24
输入圆的半径，不修改直接按回车键：

程序运行时，输入情况如下时，得到如图 2-10 所示图形。

输入圆的个数：24
输入圆的半径，不修改直接按回车键：50

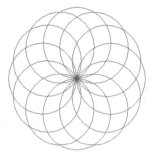

图 2-9　12 个圆　　　　　　　　图 2-10　24 个半径为 10 的圆

程序代码如下。

```python
from turtle import *
def n_circle(n,r=100):
    speed(0)
    hideturtle()
    pencolor('red')
    for i in range(n):
        circle(r)
        right(360/n)
    done()
n = eval(input("输入圆的个数："))
r = input("输入圆的半径，不修改直接按回车键：")
if r =="":
    n_circle(n)
else:
    n_circle(n,eval(r))
```

2.10　问题解答

【问题 2-1】　选 C。代码复用和程序抽象降低了编程难度，有利于大型应用程序的实现，函数是代码复用的一个重要组成部分。

【问题 2-2】　不能，m 是字符串，字符串乘以 0.9 语法错误。

【问题 2-3】　选 B。变量 a 为字符串与整数相乘，变量 c 是整数与整数相乘。

【问题 2-4】　变量 a 是整数类型，变量 b 是字符类型。

【问题 2-5】　选 B。chr( ) 函数得到对应的字符，ord 得到对应的编码。

【问题 2-6】　len( ) 函数是求长度函数。

【问题 2-7】　会得到 True 或者 False 两个结果。

【问题 2-8】　不会，sorted( ) 函数排序后生成一个新的序列，因新序列未存储，原始列表仍不变。

【问题 2-9】　new1 是升序排序后的列表，new2 是降序后的列表。reverse=True 的作用是列表反转。

【问题 2-10】　选 D。tuple( ) 函数将其他类型转成元组，长度是字符串长度，set( ) 函数去重后长度变短，set( ) 函数得到单个字符，"ab" 不在 s01 内。

【问题 2-11】　选 B。第一个 sorted( ) 函数未保存，li02 保存着降序后的列表。

【问题 2-12】　函数的名字是 heart，没有参数。

【问题 2-13】　在自定义函数内使用了标准函数。

【问题 2-14】　选 B。用户自定义函数用 def 定义，可以没有形参，没有返回值，可以与 Python 内置函数重名。

【问题 2-15】　heart( ) 应该放在 def heart( ): 这个函数定义之后。

【问题 2-16】　heart( ) 如果放在 def heart( ): 之后会出现语法错误。

【问题 2-17】　n 是形式参数，size 是实际参数。

【问题 2-18】　如果没有 eval( ) 函数不对，会出现语法错误。

【问题 2-19】　写成 heart( ) 不对，没有位置参数，程序会出错。

【问题 2-20】　选 A。整数加法运算是数字之和，字符加法运算是字符连接。

【问题 2-21】　调用 heart( ) 函数时，n 是位置参数，r 是默认参数。

【问题 2-22】　定义函数时，如果要定义默认参数则需要为默认参数在形参位置设初始值。

【问题 2-23】　函数调用写成 heart(r=0.5,n=99) 时，语法正确，产生 99 个爱心，爱心颜色 RGB 中的 r 等于 0.5。

【问题 2-24】　不能写成调用 heart(r=0.5)，程序会出错。因为 r 是默认参数，不能缺少必选参数 n。

【问题 2-25】　选 A。slr=" 请党放心，强国有我 "，str[::2] 表示义字下标以 0,2,4,6,8，又因 str[0] 是请，str[2] 是放，str[4] 是逗号，依次推算。

2.11　第 2 单元习题答案

1. D　　2. C　　3. B　　4. D　　5. B　　6. D　　7. B　　8. D　　9. A
10. D　11. C　12. A　13. C

14. 参考代码如下。

```python
def isPrime(n):
    for i in range(2,int(n/2)+1):
        if n%i==0:
            return False
    else:
        return True
n = int(input())
for i in range(2,n+1):
    if isPrime(i):
        print(i)
```

本单元资源下载可扫描下方二维码。

课件 2　　　　　扩展资源 2

第 3 单元
函数的递归

3.1　知识点定位

青少年编程能力"Python 二级"核心知识点 3：递归及算法。

3.2　能 力 要 求

掌握并熟练使用简单的函数递归，具备利用递归处理简单问题的能力。

3.3　建议教学时长

本单元建议 2 课时。

3.4　教 学 目 标

1. 　**知识目标**

本单元以函数递归为主，通过大自然场景联系实际案例，让学生掌握递归与函数递归及简单的递归实现方法，为 Python 的后续学习打好坚实的基础。

2. **能力目标**

通过对 Python 函数递归的学习，掌握计算机解决困难问题的方法，锻炼学习者发现问题、解决问题的能力，培养学习者化繁为简的能力。

3. **素养目标**

引入斐波那契数列、斐波那契数列螺旋线及数学问题等相关内容，增加趣味性，增进学习者对自然界的了解；通过学习自然界的递归问题，用自然科学解析自然界现象，促进学生养成学以致用的良好习惯。

3.5 知 识 结 构

本单元知识结构如图 3-1 所示。

图 3-1　函数的递归知识结构

3.6 补充知识点

1. **神秘的斐波那契数列**

斐波那契数列在大自然中普遍存在，如植物的花瓣数量、花草分蘖的枝丫、密集的种子排列……例如，如图 3-2 所示的松塔种子、鹦鹉螺结构等也满足斐

波那契数列排列的规律。据估计，植物中大约有 90% 的叶片排列方式或花瓣数列涉及斐波那契数列。大家感受到这串神秘数字的厉害之处了吗？

斐波那契数列的规律很简单，但就是这么简单的一个数列，却蕴藏着无穷的秘密。

如果计算这个数列的前一项与后一项的比值，就会发现，随着取得数越来越大，其比值也会越来越趋近于 0.618 033 988…没错，这就是黄金分割率，让无数科学家、数学家、艺术家为之着迷的数字，所以斐波那契数列又被称为黄金分割数列。

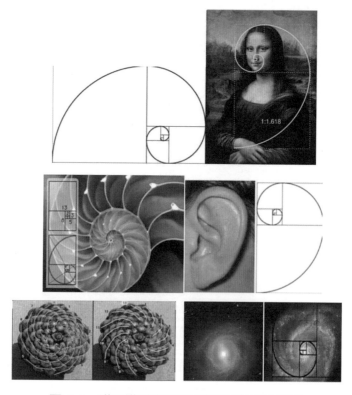

图 3-2 满足斐波那契数列排列规律的例子

视频资料："斐波那契数列 .mp4"

2. 科赫雪花

所谓科赫雪花，也就是分形几何图形，如图 3-3 所示。

分形几何是一种迭代的几何图形，广泛存在于自然界中。

（1）科赫曲线的原理如图 3-4 所示。

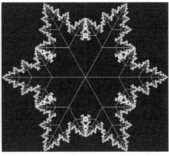

图 3-3 科赫雪花

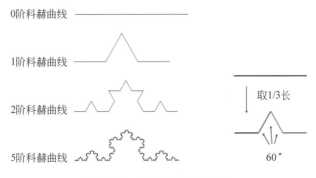

图 3-4 科赫曲线的原理

原理总结：

① n 阶科赫曲线怎么画出来？先旋转 0°，画 1/3 长的 n–1 阶科赫曲线，左转 60°，画 1/3 长的 n–1 阶科赫曲线，左转 –120°，画 1/3 长的 n–1 阶科赫曲线，左转 60°，画 1/3 长的 n–1 阶科赫曲线。

② 科赫曲线的边界是当 n 等于 0，画一条直线。

根据分析完成程序如下：

```
from turtle import *
def keh(n,size):
    if n==0:
        fd(size)
    else:
        angles=[0,60,-120,60]
        for angle in [0,60,-120,60]:
            left(angle)
            keh(n-1,size/3)
keh(3,300)
```

```
hideturtle()
done()
```

（2）将科赫曲线围成一个倒等边三角形，得到如图 3-5 所示的科赫雪花。

```
from turtle import *
def keh(n,size):
    if n==0:
        fd(size)
    else:
        angles=[0,60,-120,60]
        for angle in [0,60,-120,60]:
            left(angle)
            keh(n-1,size/3)
speed(0)
for i in range(3):
    keh(3,300)
    right(120)
hideturtle()
done()
```

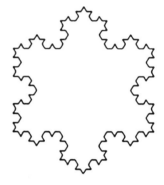

图 3-5　科赫雪花

3.7　教学组织安排

教学环节	教学过程	建议课时
知识导入	通过中国传统故事，了解故事中讲故事，从而了解程序递归的实际应用场景	1 课时
知识拓展	播放视频，了解递归的相关概念，引起学生的学习兴趣	
递归的概念	通过提问、讨论、测试、动手操作等互动及实践掌握递归的概念	
递归的简单实现	采用代码演示操作熟练掌握简单的递归实现方法	1 课时
单元总结	以提问方式总结本次课所学内容，布置课后作业	

3.8　教学实施参考

 讨论式知识导入

通过图 3-6 提问，引出从前有座山的故事……故事里不断提到同样的故事。引导学生查找自然界中的一个结构嵌套在另一个结构中，使同学们意识到递归的强大。

图 3-6　递归方式讲故事

 播放视频资料："斐波那契数列 .mp4"

科普计算机编程中的斐波那契数列与大自然的关系，提高学生的学习兴趣。

 知识点一：什么是递归

（1）通过帮助小萌的提问使学生理解递归、代码封装的概念。

（2）讲解汉诺塔问题，需要移动五千多年，用递归实现起来却只有十几行代码，说明递归的优势。

（3）通过讲解例 3-1 中求 1+2+…+n 的和问题，编程实现过程。

（4）运行出错，提出递归边界问题。

（5）提出递归的两个关键特征。

（6）以问答的方式完成学生用书上的"想一想"中的问题 3-1，理解递归边界即递归链。

（7）以问答的方式完成学生用书上的"想一想"中的问题 3-2，理解递归的简洁。

（8）以测试的方式完成"练一练"中的问题 3-3，了解学生关于递归概念的掌握情况。

4. 知识点二：简单的递归实现

（1）通过例 3-2 用递归解决的问题：兔子问题，引入斐波那契数列及其代码实现。

（2）斐波那契数列用在兔子问题上，引出自然界的斐波那契数列，引出例 3-3 斐波那契数列的图形和黄金螺旋线。

（3）分析斐波那契曲线的算法，完成斐波那契数列的图形和螺旋线程序。

（4）以问答的方式，完成学生用书上的"想一想"中的问题 3-4，加深学生对斐波那契数列的图形和螺旋线的程序理解。

（5）以测试的方式完成"练一练"中的问题 3-5，测试学生关于递归程序的掌握情况。

5. 单元总结

小结本次课的内容，布置课后作业。

3.9 拓展练习

（1）使用 turtle 库和递归绘制如图 3-7 所示的二叉树。
参考代码如下：

```
from turtle import *
def tree(branch_len):
    if branch_len>5:
        fd(branch_len)
        right(20)
```

```
        tree(branch_len-15)
        left(40)
        tree(branch_len-15)
        right(20)
        fd(-branch_len)
left(90)
pencolor('green')
speed(0)
hideturtle()
penup()
goto(0,-100)
pendown()
tree(95)
done()
```

（2）使用递归完成输入数据的逆序，并判断该数据是不是回文数据，例如，如图 3-8 所示的文字"人人为我 我为人人"正着看反着看都一样，还有数字 12321 等。

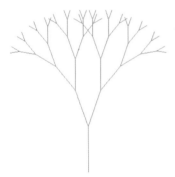

图 3-7　二叉树　　　　　　　　　　图 3-8　人人为我 我为人人

程序代码如下。

```
def reverse(s):
    if s=="":
        return s
    else:
        return reverse(s[1:])+s[0]
s = input("输入要判断回文数的数据：")
if s == reverse(s):
```

```
        print(s," 是回文数据 ")
else:
        print(s," 不是回文数据 ")
```

运行结果 1：

输入要判断回文数的数据：人人为我 我为人人
人人为我 我为人人 是回文数据

运行结果 2：

输入要判断回文数的数据：我为人人
我为人人 不是回文数据

3.10　问 题 解 答

【问题 3-1】 递归函数如果没有边界条件，会内存溢出报错。

【问题 3-2】 递归函数的代码简单，不复杂。

【问题 3-3】 选 A。递归函数必须有边界条件，递归代码简单，不包含循环结构。

【问题 3-4】 将 for i in range(1,n+1) 改为 for i in range(n) 不行。如果改了，i 的值将从 0 开始，而斐波那契数列从第一项开始，不存在第 0 项。会出错。

【问题 3-5】 选 C。阶乘用递归实现 else 部分 n 的阶乘 return n 乘以 (n–1) 的阶乘，(n–1)! 用函数 jc(n–1)。

3.11　第 3 单元习题答案

1. A　2. C　3. A　4. D　5. C　6. C　7. B　8. C　9. A

10. C

11. 参考代码如下。

```
def mu2(n):
    if n in [1,2]:
        return n
    else:
        return mu2(n-1)*mu2(n-2)
print(mu2(6))
```

12. 参考代码如下。

```
def apple(m):
    n=2
    if m == 0:
        return 2
    else:
        return (apple(m-1)+1)*2
print(apple(3))
```

13. 参考代码如下。

```
def add2(n):
    if n in [1,2,3,4]:
        return n
    else:
        return add2(n-2)+add2(n-4)
print(add2(8))
```

本单元资源下载可扫描下方二维码。

课件 3　　　　扩展资源 3

第 4 单元
百宝工具箱——标准库

4.1　知识点定位

青少年编程能力"Python 二级"核心知识点 12：基本的 Python 标准库。

4.2　能力要求

掌握并熟练使用三个 Python 标准库，具备利用标准库解决问题的能力。

4.3　建议教学时长

本单元建议 2 课时。

4.4　教学目标

1. 知识目标

　　本单元由符合二级能力要求的 time、random、math 库构成，让学生学会利用标准库进行编程，能较熟练地使用标准库中的函数。

能力目标

本单元中的三个标准库适于编程能力二级的学习者。对于二级而言还要具备自我学习掌握标准库应用的拓展能力。

3. 素养目标

本单元由特定标准库推及一般，启发学生认识标准库内置的方法、属性，为利用标准库、拓展编程能力打好基础。

4.5 知 识 结 构

本单元知识结构如图 4-1 所示。

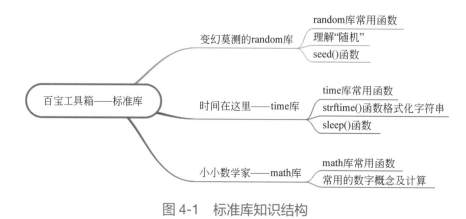

图 4-1 标准库知识结构

4.6 补 充 知 识

本单元的标准库使用涉及一些数学方面的知识，需要给学生补充对应的数学相关知识。需要注意的是，因为此时学生的年龄大多在 10~12 岁，即小学五、六年级，有一定的理解力，但对于术语的解释，最好用例子，讲解时尽量用生活中的实例。

 伪随机数

日常生活中能够观察到许多具有"随机"特点的现象。例如，向空中抛一枚硬币，观察它落下后是正面还是背面，又或者走到下一个十字路口是会遇到红灯还是绿灯，很明显有不同取值的可能性。在计算机程序中，如果需要引入这种类似的"不确定"因素，也可以用程序产生随机数。例如，要让计算机程序像数学老师一样，在事先并无准备的情况下给出一些50以内数的加减法听算题目，程序就可以产生随机的数字以及随机的加或减的计算要求。例如：

```
from random import *
seed(0)
for i in range(10):
    a, b = randint(0, 25), randint(0, 25)
    a, b = max(a, b), min(a, b)
    print(a, choice(['+', '-']), b, '=')
```

值得注意的是，这个程序每次运行时，程序的输出结果如下。也就是说，程序所产生的随机数是确定的！

```
24 - 12 =
8 - 1 =
25 - 12 =
15 + 11 =
16 - 4 =
24 + 4 =
25 - 19 =
22 + 17 =
9 + 3 =
21 - 10 =
```

之所以这样，是因为上述程序中所使用的"随机数"也称为"伪随机数"，它并不是真正的"随机"。伪随机数是用特定的算法得到的，但是它具有和随机数类似的特征。例如，产生非常大量的随机数时，不同的随机数出现的次

数总体比较平均。算法的输入和初始状态确定时，算法的输出将是确定的。seed( ) 函数就是这样一个特别的函数，通过 seed( ) 函数设置随机数种子，当设置的随机数种子相同时，这个随机数种子将会决定算法产生的下一个随机数，甚至说可以决定之后产生的每一个随机数具体是多少。于是单纯地看每一个产生的随机数确实有"随机"的特点，但当随机数种子相同时，产生的整个随机数的序列又是"确定"的。如果在上面的程序中删除 seed(0) 的调用，将会看到每次程序运行时，都会输出和上一次运行不同的输出结果。

2. 处理时间数据

我们都能从时钟的"滴答滴答"声中切身感受到时间的流逝，编程中也经常需要处理时间数据。例如，"此时此刻"离你过 12 岁生日的那天还有多少天。使用 time 库中的函数能够进行时间数据处理的编程。例如：

```python
from time import *
import math

# 此时此刻
t1 = time()
print("今天是：", strftime("%Y-%m-%d",localtime(t1)))

# 过去和将来（你出生的日期和你的 12 岁生日）
y, m, d = eval(input("请输入你出生的日期（年月日用逗号分隔）："))
t0 = mktime((y, m, d, 0, 0, 0,  0, 0, 0))
t2 = mktime((y + 12, m, d, 0, 0, 0,  0, 0, 0))
print("再过 ", math.ceil((t2-t1)/ (3600*24)), " 天，就要来到 ")
print(strftime(" 你的 12 岁生日：%Y-%m-%d",localtime(t2)))
```

程序运行时，输入你的生日，输入和输出情况如下。

```
今天是：2022-07-13
请输入你出生的日期（年月日用逗号分隔）：2015,7,1
再过 1814 天，就要来到
你的 12 岁生日：2027-07-01
```

程序使用 time( ) 函数能够得到当前的时间，这个时间是从 1970 年 1 月 1日 00:00 到现在经历的时间（以秒为单位），localtime( ) 函数能够把这个时间戳转换成含有年月日、时分秒等信息的对象，strftime( ) 函数能够将这个对象按照指定的格式转换成字符串表达形式，例如，"%Y-%m-%d" 格式表示用 "-"分隔年月日的格式。

程序中还使用了 mktime( ) 构造一个时间对象，例子中 t0 是根据输入数据构造的一个能够代表生日那天的 0 时 0 分 0 秒的时间戳，t2 则表达了 t0 后 12年的一个时间戳，使用 t2 时间戳减去 t1（代表了当前时刻的时间戳）得到的时间间隔，再除以每天的秒数（3600×24 秒）并且向上取整，就能够计算出今天离你 12 岁生日还需要经过多少天。

3. 一些数学知识

1）绝对值

可以尝试从距离的角度来理解绝对值。由一个点出发，无论是正向走还是反向走，距离原点（即出发点）的距离都是正的（即距离没有方向）。

2）幂

整数次幂的运算意义就类似好几个相同的数相乘。例如，3 个 2 相乘，可以书写成 2×2×2，也可以书写成 2^3 的幂运算形式，这个式子读作 "2 的 3 次方"。类似的 3^2，表示 3 的 2 次方，也可以直接读作 "3 的平方"。

3）阶乘

阶乘也代表一种特别的运算。例如 1×2×3，可以简单地书写成 3! 的阶乘形式。对于自然数 n 来说，n! 可以展开成 1×2×…×n。另外规定 0 的阶乘为 1。

4）平方根

如果有 m 和 n 满足 n×n=m（或者说 n^2=m），那么 n 就是 m 的平方根。类似地，如果一个整数可以表示为两个相同的整数相乘，那么这个数就是一个平方数，如 4，9，16 都是平方数。

5）圆周率 π（读音为 pai）

无论圆的大小是多少，用圆的周长除以直径总能得到一个比 3 大一点的小数，这个数称为圆周率 π。我国数学家祖冲之首次将"圆周率"精算到小数第七位，

即在 3.141 592 6 和 3.141 592 7 之间，这在当时是非常了不起的，如图 4-2 所示。直至一千多年后，阿拉伯数学家阿尔·卡西才打破了这一纪录。在平时计算时，一般近似地取圆周率的值为 3.14。

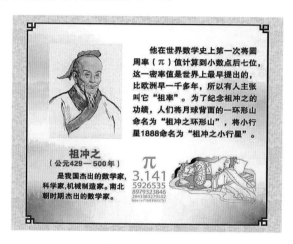

图 4-2　祖冲之

6）角度与弧度

在数学学习中，我们可以用量角器度量角度，三角板上也容易发现一些熟知的角度，如 30°、45°、60° 和 90° 角。弧度是另一种度量角的单位。可以结合圆和弧的概念来帮助理解。弧度具体的计算公式是：弧度 = 弧长 / 半径。于是，弧长等于半径的一段弧，它所对应的圆心角就是 1 弧度。假设圆的半径为 r，那么一个圆周的弧长就是周长 2πr，一个圆周的弧度为：

$$\frac{2\pi r}{r}$$

结果为 2π。180° 圆心角刚好对应半个圆周，能够想到，180° 角度对应 π 弧度。

4.7　教学组织安排

教 学 环 节	教 学 过 程	建议课时
回顾标准库的使用	回顾已经学过的 turtle 库，请学生回答标准库的导入方式以及函数使用方式	

续表

教 学 环 节	教 学 过 程	建议课时
引入 random 库	讲解随机的含义，让学生理解随机的用处	
介绍 random 库函数	通过演示程序（猜数），可以让学生理解"随机"和"伪随机"	1 课时
引入 time 库	由计算机的系统时间引入	
介绍 time 库函数	演示程序，让学生看不同的函数得到的不同结果，着重讲解 strftime() 函数参数的意思，以及 sleep() 函数的作用	
小结	总结本节课所学知识，布置课后练习	
引入 math 库	用学生所熟悉的数学问题引入	
常用的 math 库函数介绍	以提问及运行程序的方式介绍，其中一些数学概念需要及时给学生补充	1 课时
单元总结	总结本节课所学知识，布置课后练习	

4.8　教学实施参考

讨论性知识导入——标准库

从回顾 turtle 库开始，回顾已经学过的内容。主要回顾库的特点、引入方式、函数的使用方式等。再次强调"库"有很多函数，是已经定义好的，可以直接使用。由此引入"标准库"。

互动游戏式引入并介绍 random 库

用学生熟悉的例子，如"抓娃娃"，让学生认识"随机"。再以"猜数"的游戏，加深学生对"随机"的理解。在此，可以演示教材中对随机函数的几个操作，让学生猜，请一位同学说一个数（给定范围），调用函数后得到的结果往往会和同学说的不一样，但是都在范围内，或者请大家都各自说一个数，调用函数后发现大多数同学说的数都不对。这样互动的形式会促进学生更好地掌握随机函数。

（1）例 4-1 再现猜数的过程，主要熟悉和掌握 randint( ) 函数。再配合教

材"想一想"中的问题 4-1，先让学生思考并回答，接着再次运行程序，看看结果是否和刚才一样。代码中用到了循环判断数的范围是否合法，用了计数器 time 记录猜测的次数，从次数也可以帮助学生理解"随机"。

（2）例 4-2 的代码主要是 choice( )、sample( ) 和 shuffle( ) 函数的用法。

这段代码画图的颜色是从列表中随机选取，两次画出来的颜色不一样。第一次画八边形，按颜色列表中颜色的顺序来画，第一次画完后，调用了 shuffle( ) 函数，把颜色列表的内容随机打乱，之后再画的八边形可以看出每条边的颜色和第一次不一样，如果再画一次又会改变。

画三角形时，从颜色列表中随机取出 5 个颜色，又从 5 个颜色中随机取出 3 个颜色画每条边。对比两个三角形，每条边颜色都不一样。

（3）演示 seed( ) 函数的使用。

演示了随机数种子函数 seed( ) 的用法。讲解本段演示代码，主要给学生讲解"伪随机"的概念，强调"伪"不是"假"，而是有规律，并不是真正随机。

代码演示的结果显示了这一点。

（4）random 库函数汇总，如表 4-1 所示。

表 4-1　常用的 random 库函数

函　　数	函 数 描 述
randrange(start,stop[,step])	生成一个 [start,stop) 之间以 step 为步数的随机整数
randint(a,b)	生成一个 [a,b] 之间的整数（包括 a，b 在内）
random()	生成一个 [0.0，1.0) 之间的随机小数（包括 0.0，但不包括 1.0）
uniform(a,b)	生成一个 [a,b] 之间的随机小数
choice(seq)	从序列类型，例如列表中随机返回一个元素
shuffle(seq)	将序列类型中的元素随机排列
sample(seq,k)	从序列或集合中随机抽取 k 个元素，并以列表的形式返回
seed(a=None)	初始化随机数种子，默认值为当前系统时间

 3. **引入 time 库，介绍 time 库函数**

用计算机系统时间作为切入点，引入时间库。

（1）time( ) 函数、localtime( ) 函数和 strftime( ) 函数的使用。

解释 time( ) 函数运行结果；解释 localtime( ) 函数运行结果中各参数的意思；

解释 strftime( ) 函数中各格式化字符串的意思，并通过程序演示加深学生印象。

通过例 4-3 学会使用 sleep( ) 函数。这是一段倒计时程序。用到了 sleep( ) 函数，作用是让程序暂停。程序中需要解释 undo( ) 函数，它是 turtle 库中的一个函数，作用是撤销上一步的操作，在本程序中，使用这个函数主要是为了配合 sleep( ) 函数动态变化的效果。屏幕上显示 3，接着撤销，显示 2，撤销，显示 1，撤销，最后显示"开始"，这个动态效果就是倒计时。演示程序时可以把 undo( ) 去掉，看结果，对比之后学生也就学会了。

（2）time 库函数汇总，如表 4-2 所示。

表 4-2 常用时间库函数

函　　数	函　数　描　述
time()	也称为时间戳，获取当前的计算机内部时间
localtime()	把时间戳的时间格式化
strftime()	将时间按指定格式转变
sleep(t)	暂停程序 t 秒

 以数学问题引入并介绍 math 库

通过学生熟悉的数学问题引入，如求平方根、求阶乘等，让学生说出计算过程后演示程序，引入 math 库。

（1）取整函数的应用（例 4-4）。

这段代码展示的是随机产生小数并对其取整操作，有向上取整和向下取整。课前要求学生自己了解一下什么叫取整，什么叫向上，什么叫向下。形象地用天花板和地板来说明向上和向下的含义。

（2）模拟课堂（例 4-5）。

这段代码包含多个数学函数。通过对话的方式，模拟课堂上课情况，用简单的语言先解释每个函数涉及的数学知识，如"平方根""绝对值"等。这段程序的运行也可以帮助学生熟悉这些函数及概念。同时，用了 sleep( ) 函数，让程序的运行有一定的节奏。

（3）角度和弧度的转换（例 4-6）。

这段代码是角度和弧度的转换。学生知道角度，也会度量角度，但是对于弧度不熟悉。需要先解释弧度是什么。解释不用太详细，只需说明一个圆周的弧长是周长，弧度的计算公式为：弧度 = 弧长 / 半径。学生能做简单计算即可。

数学函数的掌握，需要多练习。配合教材"想一想"中的问题 4-4，请学

生尝试用数学函数来解决数学学习中遇到的问题。

（4）math 库函数汇总，如表 4-3 所示。

表 4-3　常用数学函数

函　　数	函　数　描　述
ceil(x)	x 是一个小数，对该小数向上取整，即返回不小于 x 的最小整数
floor(x)	x 是一个小数，对该小数向下取整，即返回不大于 x 的最大整数
fabs(x)	绝对值函数，x 既可以是整数也可以是小数，返回该数的绝对值
pow(x,y)	幂函数，返回 x 的 y 次幂，x 可以是整数或小数，y 只能是整数
factorial(x)	阶乘函数，x 是整数，返回 x 的阶乘值
sqrt(x)	平方根函数，x 是正数，返回 x 的平方根
gcd(a,b)	返回 a,b 的最大公约数，a,b 都是整数
pi	这不是一个函数，是一个常量——圆周率，值为 3.141 592 653 589 793
radians(x)	x 是角度，转换为弧度
degrees(x)	x 是弧度，转换为角度

 本单元知识总结

小结本单元的内容，布置课后作业。

4.9　拓 展 练 习

编写一段曹冲称象的程序。输出类似图 4-3 的结果。

-----开始称象-----
大象重1348kg，共需石头18块

图 4-3　曹冲称象程序运行结果

问题分析：假设大象的质量在一个范围内（如 1000~1500kg），利用随机函数产生大象的质量，每个石块的质量也假定在一个范围内（如 50 ~100kg），多次使用随机函数产生石块，并把石块的质量累加起来，同时记录石块的数量，最后得到需要的石块。需要注意的问题是最后一块石头的处理。

4.10　问 题 解 答

【问题 4-1】　这个问题主要是引导学生更深入地了解"随机"的含义，请学生再次运行程序，或与其他学生运行的程序相比，看看结果有什么不同。

【问题 4-2】　选 C。选项 A，应该包含 0，也包含 10。选项 B，choice( )函数是从序列中返回一个随机数，参数是一个序列，不是一个范围。

【问题 4-3】　选 D。选项 A、B 和 C 都是正确的，选项 D 的正确形式应该是：from time import *。

【问题 4-4】　这个问题要学生思考数学的用法，能够自己动脑，动手编写程序。鼓励学生把学过的数学问题通过编程的方式解决。

4.11　第 4 单元习题答案

1. A　　2. C　　3. C　　4. B

5. 编程题答案。

```
import random
n = int(input())
random.seed(n)
li =[]
for i in range(20):
    li.append(random.randint(100,1000))
print(sum(li))
```

测试用例 1：
输入
30

输出

```
9936
```

测试用例 2：
输入

```
40
```

输出

```
11820
```

本单元资源下载可扫描下方二维码。

课件 4   扩展资源 4

第 5 单元
文　　件

5.1　知识点定位

青少年编程能力"Python 二级"核心知识点 4：文件。

5.2　能　力　要　求

（1）了解文件的永久存储特性，掌握文件的分类。
（2）掌握文件的打开、关闭、读、写等操作。

5.3　建议教学时长

本单元建议 2 课时。

5.4　教　学　目　标

1.　知识目标

启发学生认识文件存储与变量存储的本质区别，学会文件的基本操作。

2. **能力目标**

学习了本单元内容后，要求学生能够熟练掌握文件的打开、关闭、读、写模式，识别不同打开模式下文件的操作特点，同时能顺利地使用文件。

3. **素养目标**

本单元要求学生能够正确使用文件保存所需数据，并根据文件使用特点对文件进行下一步的操作，为后续学习模块打下基础。

5.5　知识结构

本单元知识结构如图 5-1 所示。

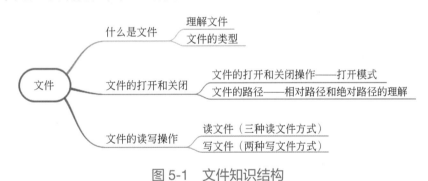

图 5-1　文件知识结构

5.6　补充知识

1. **二进制的知识**

数字计算机内使用二进制的形式表示程序指令和数据。二进制是逢 2 进 1

的一种进位记数制，类似于日常生活中习惯的逢 10 进 1 的十进制。例如，十进制数 10 代表"十"这个数值，但如果是在二进制中，10 代表的数值实际上是十进制的 2。

十进制数中有个、十、百、千、万等不同的位，类似地，二进制数也有，但每一位的权值不是 10 的幂次，而是 2 的幂次。因此，一个二进制数 1001 的实际值是 $1×8+0×4+0×2+1×1=9$。这便是二进制数转换成十进制数的方法。反过来，十进制数也可以转换成二进制数，如十进制数 $12=1×8+1×4+0×2+0×1$，那么它对应的二进制数就是 1100。还有一些其他二进制数转换方法，可以查阅相关资料学习。

由于二进制数书写起来更长，在表达位数比较多的二进制数时，书写和阅读不太方便，因此在计算机编程中或者显示一些数据时，也经常用到八进制和十六进制。八进制只有数字符号 0~7，十六进制除了使用数字 0~9 这十个符号外，还加入 A~F 这些符号，以代表从十进制数 10~15 的数值。例如，十六进制数 1A 转换成十进制数为 $1×16+10×1=26$。二进制、八进制和十六进制的基数分别是 2、8 和 16，可以通过二进制数的 3 位合并成八进制的 1 位，或者八进制的 1 位展开成二进制数的 3 位来进行二进制数和八进制数的转换，二进制和十六进制之间的转换类似。

2. 编码的知识

计算机编码，指的是用各种符号、数字或字符来表示数据，让计算机可以识别并进行处理。计算机内的各种信息均使用一定的二进制编码形式表示，每种编码规范都规定了二进制位序列的组成规则以及相应编码规范下的二进制序列的具体意义。例如，整数经常在计算机内使用称为补码的一种编码表示，在这种编码方式下，最高位（最左边的二进制位）就表示出这个整数是负数还是非负数。类似地，小数（实数）经常使用浮点数的编码，它是一种更加复杂的编码规范。不同国家地区的字符编码多种多样，以英文字母为代表的西文字符普遍使用 ASCII 码表示，而中文字符也有我国推出的 GB2312、GBK 等不同的编码规范。就像我们面对的国际化潮流一样，也有国际化的字符编码，如Unicode、UTF-8 等一些编码也被广泛使用，Unicode 致力于能够表示全世界任何语言中的文字和各种各样的符号。

除了能够用一定的编码表示上述数值和文字以外，还存在很多其他的编码用于多媒体等其他信息的编码。

3. 文件类型

在平时使用计算机时，我们所熟悉的文件类型以扩展名为代表，例如，一个文本文件以 .txt 作为扩展名，一个图像文件可能是以 .jpg 作为扩展名。不同的扩展名反映了文件内容的组织结构和格式规范。实际上，如果做更广泛的分类，在计算机内部，文件只有两大类，即二进制文件和文本文件。这个区别主要是看文件内部对数据是否有统一的字符编码。

如果是以统一的字符编码来组织数据，就是文本文件。例如，.txt 文件就是以字符串的形式来组织数据。二进制文件则没有统一的编码形式，直接由 0 和 1 组成，文件的形成按照某种特定的格式形成，但不是统一编码的字符，如 png 文件等。从文件操作的视角来看，这两种文件分别提供字符流和字节流。对文本文件的操作，直接面向字符流就可以完成文件内字符的读写，而对二进制文件，即使能够读写字节流，但如果对特定文件的格式规范没有深入的了解，通常很难进行有意义的文件操作，因此操作二进制文件，通常应该考虑使用标准库或第三方库提供的编程接口。例如，有一个第三方库名叫 Pillow，通过它所提供的编程接口，只需要简单的代码就能够很方便地打开和显示图像文件，甚至能够完成复杂的数字图像处理任务。

5.7 教学组织安排

教学环节	教学过程	建议课时
知识导入	引导学生思考	
文件的类型	简单介绍文件的种类	
文件的打开和关闭	介绍文件的打开和关闭方式	1 课时
知识总结	总结本次课程，布置作业	
知识回顾	回顾文件的打开和关闭操作	
读文件操作	介绍并演示文件读取操作	
写文件操作	介绍并演示写文件操作	1 课时
知识总结	总结本次课程，布置作业	

5.8　教学实施参考

 1.　提问式知识导入

首先提出问题，每次运行程序得到的结果（变量的值）都不能保存下来，下一次想要看结果时，必须再次运行程序。结合教材"想一想"中的问题 5-1，由问题引发学生的思考，为什么我们的程序代码可以保存下来，不需要每次都重新输入呢？从学生的回答中提取重点，总结后得出使用文件的结论。

 2.　知识点一：文件的类型

学生对于"文件"并不陌生。请学生回答他们知道的文件有哪些，怎么区分这些文件。此时强调文件存放的内容不同，处理方式不同，引出"类型"。介绍文件的分类。

演示例5-1，让学生看到文本文件和二进制文件的不同。文本文件容易理解，但是二进制文件对学生来说较陌生，需要做适当的解释。通过演示程序，直观地让学生感受两种文件输出的区别。

 3.　知识点二：文件的打开和关闭

首先要强调，打开和关闭操作是成对出现的。文件打开，操作完成后必须要关闭。通过演示例 5-2，让学生了解文件的打开和关闭过程。操作结束后要及时关闭，否则会导致出错。

在此部分需要讲解文件路径，在计算机上把程序运行用到的文件展示给学生，同时修改程序中打开文件的路径，以直观的方式让学生掌握相对路径和绝对路径。

 4.　知识回顾

这里回顾上一讲的知识。主要回顾的知识点是：文件类型、打开文件的模式，文件存放的路径。可以根据情况请学生演示程序（最好是课后自己编写的程序）。若两节课连在一起上，那么这个环节可以减少或省略。

知识点三：读文件操作

主要介绍三个读文件的函数各自不同的参数代表什么意思。通过程序的演示，很容易让学生明白。

（1）例 5-3 这段代码主要展示的是读文件 read( ) 有参数和没有参数的情况对比。需要给学生说明的地方是，打开的文件，可以从键盘输入其文件名。考虑到一般在输入文件名时通常不会输入扩展名，因此在程序中做一点处理：`f=open(name+'.txt','r')`，该语句把输入的文件名加上了扩展名（如果输入时要求同时输入扩展名，这个处理可以不需要）。

程序中用到了 seek( ) 函数，定位了文件指针。演示程序时，可以把该语句去掉再演示一次，让学生能够看到该语句的作用。指针的概念学生基本没有，用读书时指读作为例子，可以很好地讲解清楚。不要直接讲概念或者用术语解释，这会给学生造成困惑。

seek( ) 函数的具体定义为 f.seek(offset,from_what)，参数的含义如下。

offset: 文件指针相对于参照点移动的距离。

from_what: 指针移动的参照点位置。参照点有三个值，0 代表将参照点定位在文件开头；1 代表将参照点定位在当前文件位置；2 代表将参照点定位在文件末尾。默认情况下，参照点位置设置为 0。

演示程序时，可以设置不同的参数，让学生看到不同的效果，再结合学生自己上机操作，熟练掌握这种用法。

（2）例 5-4 这段代码主要展示函数 readlines( ) 的使用，该函数没有参数。使用该函数时，首先把文件内容读入一个列表，如果需要逐行输出，再用 for 循环来遍历列表并输出内容。运行结果显示了这个过程。这种方式的缺点是，如果文件太大，那么一次把内容读入会占用很大内存空间，影响程序执行速度。

程序的后一种方法是直接处理，用 for 循环读入其内容，并输出。

知识点四：写文件操作

主要介绍两个写文件的函数，通过演示程序，让学生更容易理解。这里需要给学生演示打开模式中的"覆盖写""创建写"和"追加写"这几种模式的区别。

（1）例 5-5 这段代码展示了 write( ) 函数的使用。要注意写入文件内容后，

不能直接输出写入后的文件，要再次以读的方式打开文件，或者在打开模式那里不用"w"，而是用"w＋"即可读写。修改程序，让学生看到区别。

（2）例 5-6 这段代码展示了 writelines( ) 的用法。注意使用时，参数是列表类型，需要事先把需要写入文件的数据存放到一个列表中，且列表的数据是字符串。

结合教材"想一想"中的问题 5-4，引导学生思考并总结打开模式的合理应用。

 7. 单元总结

小结本单元的内容，布置课后作业。

5.9 问题解答

【问题 5-1】 这个问题引导学生思考，临时存储和永久存储。变量是临时存储，文件是永久存储。从它们的存放位置来分析。

【问题 5-2】 D。这个问题要求学生熟悉文件的打开模式，A、B 和 C 选项都是对的，D 选项错误，打开模式加上"＋"，如"w＋"，就可以在原功能基础上增加同时读写的功能。

【问题 5-3】 C。这个问题考查学生对打开方式和后续的读操作，需要学生对打开方式和读操作都要熟练掌握。选项 A，没有 readall( ) 这个函数；选项 B，readlines( ) 函数的结果是形成一个列表，而不是字符串；选项 C，readable( ) 函数判断文件是否可以打开，如果可以打开，则值为 True，否则值为 False，该选项正确；选项 D，readline( ) 函数，参数为 1，输出读入内容的长度为 1 的字符串，值为 H。

【问题 5-4】 这个问题考查学生对写文件方式的掌握。请学生与上一段程序对比，说出两段程序"写"的不同。

【问题 5-5】 B。这个问题考查学生对写文件的操作的掌握。要求学生熟练掌握写的各种方式及写的格式。选项 A，错误，写入内容是没有换行的，全部都在一行；选项 B，正确；选项 C，错误，文件的打开模式是"读"，不可以写；

选项 D，错误，write( ) 函数的参数是字符串，不是列表。

5.10　第 5 单元习题答案

1. B　2. B　3. C　4. D　5. D　6. C　7. D　8. D　9. A

本单元资源下载可扫描下方二维码。

课件 5　　　　扩展资源 5

第6单元
模　　块

6.1 知识点定位

青少年编程能力"Python 二级"核心知识点 5：（基本）模块。

6.2 能力要求

（1）进一步熟悉并了解 Python 程序的组成和结构。
（2）掌握并熟悉模块的导入方式，同目录下模块间的相互调用方法。

6.3 建议教学时长

本单元建议 2 课时。

6.4 教学目标

1. 知识目标

本单元讲解二级能力要求中模块的使用，让学生学会自己定义模块、使用模块，创建同目录下的模块，并了解环境变量的含义。

2. 能力目标

本单元主要适于编程能力二级的学生。着重理解程序的结构、模块的含义，即定义、使用方法，能够设计自己需要的模块并在程序中正确调用。

3. 素养目标

本单元从学生熟悉的功能模块定义开始，逐步推进，引导学生理解并熟悉程序结构及模块的互相调用，期望学生能自己定义模块并能进行简单模块化编程。

6.5 知 识 结 构

本单元知识结构如图 6-1 所示。

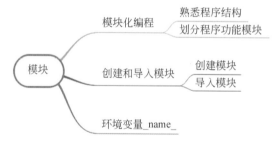

图 6-1　模块知识结构

6.6 补 充 知 识

1. 模块化编程

一次性地着手解决一个大型的复杂问题，通常不是一个好的选择，更可取的是把问题进行合理的划分，把大问题划分成不同的小问题，小的问题逐个击破，大的问题也迎刃而解。例如，在积木搭建的过程中，通常先搭建好各个部件，根据需要再把各个部件组合在一起。这种思想就是模块化。

在编程中也可以运用模块化思想，称为模块化编程。在 Python 中，模块化编程的实践不仅体现在编写和调用一系列的函数，并且也体现在如何划分和组织这些函数。简单地说，在不同的 Python 程序文件（.py 文件）中定义不同的函数，就形成了不同的模块。

2. 通过 help( ) 函数了解内置模块

Python 内置的 help( ) 函数，为用户提供了查看内置模块或函数详细用途的渠道。其语法格式为：

```
import 模块名
help(模块名)
```

以 turtle 模块的信息查看为例，首先通过 import 语句导入 turtle 模块，然后就可以用 help( ) 函数查看关于它的详细描述了，如图 6-2 所示。

```
>>> import turtle
>>> help(turtle)
Squeezed text (8143 lines).
Double-click to expand, right-click for more options.
```

图 6-2　通过 help( ) 函数查看模块信息

当信息篇幅过长时，IDLE 会对它进行折叠隐藏，此时按照如图 6-2 所示的提示，用鼠标双击折叠的信息，即可看到关于该模块的在线帮助了，如图 6-3 所示。

```
>>> import turtle
>>> help(turtle)
Help on module turtle:

NAME
    turtle

MODULE REFERENCE
    https://docs.python.org/3.9/library/turtle

    The following documentation is automatically generated from the Python
    source files.  It may be incomplete, incorrect or include features that
    are considered implementation detail and may vary between Python
    implementations.  When in doubt, consult the module reference at the
    location listed above.

DESCRIPTION
    Turtle graphics is a popular way for introducing programming to
    kids. It was part of the original Logo programming language developed
    by Wally Feurzig and Seymour Papert in 1966.
```

图 6-3　turtle 模块的帮助信息（局部）

上述帮助信息犹如一本资料详尽的在线电子书，是了解和学习 Python 内置模块应用的第一手资料，在学习中可以引导学有余力的学生进行使用。

通过 IDLE 帮助文档了解内置模块

IDLE 本身提供了丰富的帮助文档，除了通过 help( ) 函数，还可以通过 Help|Python Docs 菜单命令打开 Python 帮助文档，定位到指定的模块来查看其信息。以查看内置的 math 模块为例，查看到的文档如图 6-4 所示。

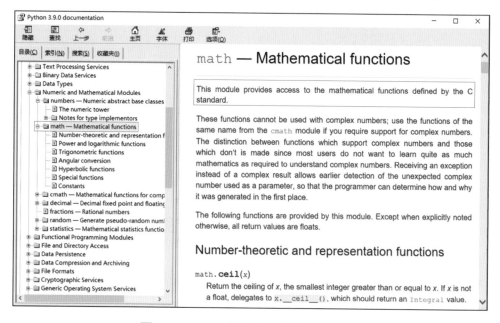

图 6-4　IDLE 中的内置模块帮助文档

6.7　教学组织安排

教学环节	教学过程	建议课时
知识导入	从简单计算器入手，引入模块，以及对程序的模块化认识	
模块化结构	分析计算器的结构、功能的划分、编程时的分工，可以推导出程序的模块化结构	1 课时
模块化编程	根据对程序功能的划分，每个功能对应一个功能模块（函数）	
知识总结	总结本次课堂内容，布置作业	

续表

教学环节	教 学 过 程	建议课时
知识回顾	回顾上次课程的内容（若两个课时连着上，那么这个过程可以省略）	
自定义模块的创建和导入方式	同目录下模块的创建和导入方式的分析，导入方式不同，函数调用方式不同	1 课时
系统变量 __name__	主要介绍该变量的使用和模块调用时该变量值的变化，以及对程序运行结果的影响	
知识总结	总结本次课堂内容，布置作业	

6.8　教学实施参考

实物演示知识导入

　　带一个计算器到课堂展示，通过现场使用，让学生自己说出计算器的工作过程。综合多个学生所说，总结出计算器的功能。再把功能拆解，每个功能怎么实现，让学生再用自己的话说出来，从而引入模块。

知识点一：模块编程

　　把刚才分析的计算器功能列出来，引导学生思考，如果写程序该怎么写？让学生一个模块一个模块地把程序写出来，再合在一起，学生就体会了一次模块化编程，自然也就明白了什么叫模块编程。再演示教材中的例 6-1，让学生对其完善和补充。此实例中，引导学生检查程序的完善性，结合教材"想一想"中的问题 6-1，与学生讨论对程序的改进，最好能让学生补充出除法运算中除数为 0 的判断。

　　这个程序并不难，关键在于让学生明白模块的意思，教师主要引导学生自己总结，自己发现，在关键点做引导。

3. **知识点二：自定义模块的创建**

继续引导学生思考，计算器中的这些运算是通用的，不仅这个程序可以用，别的程序也可以用，那么如果其他程序要用，该怎么使用呢？可以让学生讨论，从学生的讨论中总结出要点。

演示创建自定义模块"calculator.py"的过程，注意函数的结果该以什么方式给出，请学生思考。结合教材"练一练"中的问题 6-2，请学生自己动手，尝试创建自己的自定义模块。

在此部分，可以给学生拓展一个内置函数 dir( )，该函数是用来查看模块内函数的，可以把模块内包含的函数列出来。先导入标准库，让学生先查看导入的标准库中有哪些函数，再查看自己定义的模块中的函数，两次查看的结果都显示出来，当学生看到自己定义的模块和标准库显示的函数有相同的形式时，会有成就感，对于模块的理解也会更深入。

4. **知识点三：自定义模块的导入方式**

导入标准库的方式学生应该已经掌握，在此基础上，引导学生思考自定义模块的导入方式，最好能由学生自己推出，或者教师给出第一种导入方式，让学生自己尝试推出其他的导入方式以及函数调用方式，以例 6-2~ 例 6-5 为例讲解。

（1）例 6-2 主要展示了如何使用自定义模块（主要是第一种导入方式）。由此程序开始讨论自定义模块的导入方式。

（2）例 6-3 这段代码主要展示了导入模块的第二种方式，给自定义模块取个别名。在这种方式下，调用模块中的函数用的是"别名 . 函数"的形式。

（3）例 6-4 这段代码主要展示了导入自定义模块的第三种方式，部分导入模块中的函数。模块导入后，程序只能使用给出的函数，没有给出的函数不能使用。

（4）例 6-5 这段代码主要展示了导入自定义模块的第四种方式，全部导入模块中的函数。模块导入后，程序可以使用模块中的所有函数，使用形式为直接给出函数名，不需要再带着模块名。

5. **单元总结**

小结本单元的内容，布置课后作业。

（1）编写一个程序判断输入的整数的性质，可以是正负数、奇偶数和质数合数等。

本题至少需要写三个函数：正负数判断、奇偶数判断和质数合数判断。调用顺序应该是先调用正负数判断函数，在正数的情况下才继续后面的奇偶数和质数判断。学生也可以把奇偶数判断放在质数判断之前，如果是除了 2 以外的偶数就不用再判断质数了。三个功能模块有逻辑上的先后关系。

（2）将上述程序中性质判断部分改为模块，在另一个程序中调用该模块中的函数。学生也可以自主选择感兴趣的题目完成本题。

把上题的三个功能模块单独保存为一个 .py 文件，与调用它们的另一个 .py 文件放在同一个目录下，在调用文件中，导入该模块后使用其中的三个功能函数。

【问题 6-1】　这个问题旨在开拓学生思路。其他的实现方式，希望经过引导，学生能提出别的解决方案；可以改进的地方，希望学生能够提出需要判断除数为 0 的情况，教师可以加以引导，尽量让学生自己说出改进意见。

【问题 6-2】　这个问题引导学生思考怎么创建模块。需要老师讲解时引导学生理解"功能"，一个模块应该是一类功能，可以让学生先从已经编写过的程序入手，创建某个功能模块，如画图形模块等。

【问题 6-3】　A。

环境变量 __name__ 的值开始为 __main__，导入模块 a 之后，__name__ 的值变为 'a'，第一个输出就是 a 模块中的 print(a + b)，输出结果为 25；接着 if __name__ == "__main__" 判断结果为 False，故不执行 print(a * 5)，而是回到 b.py，用 a 模块中的 a 值 20 和 b 值计算，输出结果为 A。

6.11 第 6 单元习题答案

1. B　2. A　3. A　4. A

本单元资源下载可扫描下方二维码。

课件 6　　　　扩展资源 6

7.1　知识点定位

青少年编程能力"Python 二级"核心知识点 6：（基本）类。

7.2　能　力　要　求

理解面向对象的简单概念，具备阅读面向对象代码的能力。

7.3　建议教学时长

本单元建议 3 课时。

7.4　教　学　目　标

 知识目标

通过 Python 类与对象的学习，了解面向对象程序设计的思想；掌握面向对象的核心"类与对象"的创建和使用；掌握面向对象的多态与继承；了解简单的面向对象编程。

2. 能力目标

通过 Python 类与对象的学习，能够采用面向对象方法解决简单的应用问题；帮助学生树立起面向对象程序设计的新思维，掌握运用面向对象程序设计技术解决实际问题的方法；引导学生从面向过程到面向对象的转换。

3. 素养目标

通过介绍面向对象程序设计中类和对象的概念和思想，引入"人们应当按照现实世界这个本来面貌来理解世界，直接通过对象及其相互关系来反映世界"，提高学生正确认识、分析和解决问题的能力。通过讲解继承与多态，启迪学生要继承中华优秀传统文化，教育引导学生传承富有中国心、饱含中国情、充满中国味的中华文脉，激发学生在"继承"的基础上要有所创新，用多形态呈现出"生机勃勃、枝繁叶茂、开花结果"的美好景象，激发学生"青出于蓝而胜于蓝"的正能量人文精神。

7.5 知 识 结 构

本单元知识结构如图 7-1 所示。

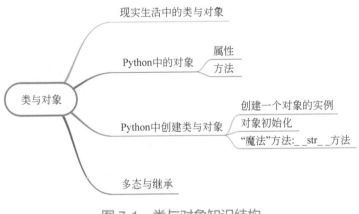

图 7-1 类与对象知识结构

7.6 补充知识

 1. **面向对象与软件危机的关系**

20 世纪 60 年代早期，计算机刚刚投入实际使用，软件设计往往只是为了一个特定的应用而在指定的计算机上设计和编制，采用密切依赖于计算机的机器代码或汇编语言，软件的规模比较小，文档资料通常也不存在，很少使用系统化的开发方法，设计软件往往等同于编制程序，基本上是个人设计、个人使用、个人操作、自给自足的私人化的软件生产方式。

20 世纪 60 年代中期，大容量、高速度计算机的出现，使计算机的应用范围迅速扩大，软件开发需求急剧增长。高级语言开始出现，操作系统的发展引起了计算机应用方式的变化，大量数据处理导致第一代数据库管理系统的诞生。软件系统的规模越来越大，复杂程度越来越高，软件可靠性问题也越来越突出。原来的个人设计、个人使用的方式不再能满足要求，迫切需要改变软件生产方式，提高软件生产率，软件危机开始爆发。软件危机产生的原因如图 7-2 所示。

20 世纪 60 年代中期开始爆发众所周知的软件危机，为了解决问题，在 1968 年、1969 年连续召开两次著名的 NATO 会议，在国际学术会议中创造"软件危机"一词，并同时提出"软件工程"的概念。在"软件工程"思想的指导下，软件的整个生命周期均可进行规范而科学的管理。软件管理示意如图 7-3 所示。

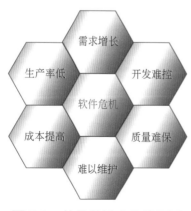

图 7-2 软件危机产生的原因

图 7-3 软件管理示意

随着软件危机的产生，传统方法学与面向对象方法学应运而生，使得软件开发和维护的过程变得有章可循。面向对象设计原则为支持可维护性复用而诞生。对于面向对象软件系统的设计而言，在支持可维护性的同时，提高系统的可复用性是一个至关重要的问题，如何同时提高一个软件系统的可维护性和可复用性是面向对象设计需要解决的核心问题之一。在面向对象设计中，可维护性的复用是以设计原则为基础的。每一个原则都蕴含一些面向对象设计的思想，可以从不同的角度提升一个软件结构的设计水平。

 名称中下画线的特别含义

"_" 单下画线

Python 中不存在真正的私有方法。为了实现类似于 C++ 中的私有方法，可以在类的方法或属性前加一个"_"单下画线，意味着该方法或属性不应该去调用，它并不属于 API。

在使用属性时，经常出现这个问题：

```python
class BaseForm(StrAndUnicode):
    ...
    def _get_errors(self):
        "Returns an ErrorDict for the data provided for the form"
        if self.errors is None:
            self.full_clean()
        return self.errors
    errors = property(_get_errors)
```

上面的代码片段来自于 django 源码（django/forms/forms.py）。这里的errors 是一个属性，属于 API 的一部分，但 _get_errors 是私有的，是不应该访问的，但可以通过 errors 访问该错误结果。

"__" 双下画线

这种双下画线形式的名称不仅能够用来标识一个方法或属性是私有的，还能在类的继承时发挥避免了类覆盖父类内容的作用。

例如，如下代码：

```python
class A(object):
    def __method(self):
```

```
        print("I'm a method in A")
    def method(self):
        self.__method()

a = A()
a.method()
```

输出结果如下：

```
I'm a method in A
```

得到了预计的结果。

若给 A 添加一个子类，并重新实现一个 __method。

```
class B(A):
    def __method(self):
        print("I'm a method in B")
b = B()
b.method()
```

现在，结果是这样的：

```
I'm a method in A
```

通过上例可以看出，B.method( ) 不能调用 B.__method( ) 的方法。实际上，它恰好反映了 "__" 两个下画线的功能和此处所发挥的作用。

"__xx__" 前后各双下画线

当看到 "__this__" 的时候，就知道不要调用它。为什么？因为它是用于 Python 调用的，"__xx__" 形式的名称是系统定义名称，通常是操作符或本地函数调用的魔术方法。在特殊的情况下，它只是 Python 调用的钩子（hook）。例如，__init__( ) 函数是当对象被创建初始化时调用的，__new__( ) 是用来创建实例的。

```
class CrazyNumber(object):
    def __init__(self, n):
        self.n = n
```

```
    def __add__(self, other):
        return self.n - other
    def __sub__(self, other):
        return self.n + other
    def __str__(self):
        return str(self.n)
num = CrazyNumber(10)
print (num)
print (num + 5)
print (num - 20)
```

输出结果如下：

```
10
5
30
```

再看另外一个例子：

```
class Room(object):
    def __init__(self):
        self.people = []
    def add(self, person):
        self.people.append(person)
    def __len__(self):
        return len(self.people)
room = Room()
room.add("Igor")
print(len(room))
```

输出结果如下：

```
1
```

由此可见，使用 _（单下画线）来表示该方法或属性是私有的，不属于 API；使用 __XX__（前后各双下画线）创建用于 Python 调用的方法或一些特殊情况；使用 __（双下画线）来避免子类的重写。

3. **程序资源**

为了激发孩子的学习兴趣，本单元配套了"拓展 7-1.py""拓展 7-2. py""拓展 7-3.py"等程序，供授课教师选择演示。

7.7　教学组织安排

教 学 环 节	教 学 过 程	建议课时
知识导入	讨论代码的复用和维护，介绍模块化编程的优点	
知识拓展	解释软件危机的由来	
类与对象的概念	通过生活中的实例，引入类与对象的概念	1 课时
Python 中类与对象的定义	重点介绍 Python 中属性与方法的定义	
Python 中创建类与对象	通过程序实例演示类与对象的创建，以及对象初始化 __init__ 方法和魔法 __str__ 方法	1 课时
多态和继承	举例介绍面向对象的两个重要特征：多态与继承	1 课时
单元总结	以提问方式总结本单元所学内容，布置课后作业	

7.8　教学实施参考

1. **讨论式知识导入**

由前面所学的函数引入模块化编程，讨论代码的复用和维护，介绍模块化编程的优点。

2. **播放视频资料："软件危机 .mp4"**

科普计算机软件危机的由来，提高学习者的学习兴趣。

3. 类与对象的概念介绍

以生活中建房子为例说明类与对象。

类（Class）：相当于施工图纸。

对象（Object）：房子（已经建造好的）。

4. Python 中类与对象的定义

重点强调：对象 = 属性 + 方法

（1）介绍什么是属性。

（2）介绍什么是方法。

（3）讲解点"."的作用。

（4）问答式完成教材中"想一想"的问题 7-1 和问题 7-2。

（5）带领学生实际操作属性与方法的定义，掌握属性与方法的正确定义方法。

5. Python 中创建类与对象

（1）运行讲解例 7-1，以房子（House）类为例创建一个类。

（2）以房子（House）为例创建一个对象的实例。

（3）解释 self 的意义。

（4）通过例 7-2 讲解对象初始化，定义一个特定的方法 __init__()，通过参数传递完成初始化。

（5）介绍"魔法"方法：__str__ 方法，通过例 7-3 说明使用特殊方法 __str__() 更好地打印对象。

（6）问答式完成教材中"想一想"的问题 7-3 和问题 7-4。

（7）带领学生实际操作创建对象及对其进行初始化操作。

6. 多态和继承

（1）以例 7-4 讲解多态与继承的概念。

（2）以不同事物"飞"的行为，调用同一个方法 fly() 演示多态的特性。

（3）以鸟类共同的特征和行为，例如，都有羽毛，都可以"飞"讲解继承

的特性。

（4）带领学生实际操作多态与继承的实例。

7. 单元总结

小结本次课的内容，提问习题中的部分题目，检测学习效果，布置课后作业。

7.9 拓 展 练 习

（1）定义一个汽车类（Car），包含颜色（color）、价钱（price）、出厂年份（year），使用 __init__ 方法完成属性赋值，并在类中定义一个 move 方法。创建一个汽车对象，并调用 move 方法打印属性值，如图 7-4 所示。

（2）编写程序实现乐手弹奏乐器，乐手可以弹奏不同的乐器发出不同的声音。可以弹奏的乐器包括钢琴、小提琴和二胡。代码实现要求如下。

① 定义乐器类 (Instrument), 包括 makeSound( ) 方法，此方法打印"乐器发出美妙的声音！"。

② 定义乐器类的子类：钢琴 (Piano)、小提琴 (Violin)、二胡 (Erhu)。重写 makeSounde( ) 方法，打印输出为"XXX 发出美妙的声音！"，如图 7-5 所示。

③ 定义一个 User 类，用多态的方式对不同的乐器进行切换。

> 一辆红色的2021年出产的价值20万的汽车飞驰而去。

图 7-4 调用 move 方法打印结果

> 钢琴发出美妙的声音！
> 小提琴发出美妙的声音！
> 二胡发出美妙的声音！

图 7-5 乐手弹奏乐器打印结果

7.10 问 题 解 答

【问题 7-1】 什么是对象？

对象就是真实世界中的实体，对象与实体是一一对应的，也就是说，现实世界中每一个实体都是一个对象，它是一种具体的概念。对象有以下特点：对象具有属性和行为，对象具有变化的状态，对象具有唯一性，对象都是某个类别的实例，一切皆为对象，真实世界中的所有事物都可以视为对象。

例如，在真实世界的学校里，会有学生和老师等实体，学生有学号、姓名、所在班级等属性（数据），学生还有学习、提问、吃饭和走路等操作。学生只是抽象的描述，这个抽象的描述称为"类"。在学校里活动的是学生个体，即张同学、李同学等，这些具体的个体称为"对象"。"对象"也称为"实例"。

【问题 7-2】　什么是类？

类是用来描述具有相同属性和方法的对象的集合，它定义了该集合中每个对象所共有的属性和方法。其中的对象被称作类的实例。

【问题 7-3】　Python 中定义一个类的格式是什么？

```
class 类名 (object):
    成员（方法）
```

【问题 7-4】　__str__ 方法有什么作用？使用时应注意什么问题？

__str__ 方法用来追踪对象的属性值的变化。使用时，__str__ 方法不能再添加任何参数，且必须有一个返回值，返回值必须为字符串类型。

7.11　第 7 单元习题答案

1. B　2. A　3. B　4. C　5. A　6. C

7. 定义一个水果类，然后通过水果类，创建苹果对象、橘子对象、西瓜对象并分别添加上颜色属性。

```
# 水果类
class Fruits(object):
    pass    # 表示它不做任何事情，一般用作占位语句
# 苹果对象
apple = Fruits()
apple.color = "red"
# 橘子对象
```

```
tangerine = Fruits()
tangerine.color = "orange"
# 西瓜对象
watermelon = Fruits()
watermelon.color = "green"
```

8. 定义一个计算机类，它包含品牌、颜色、内存大小等属性，包含打游戏、写代码、看视频等方法。

```
class Computer:
    # 计算机类
    def __init__(self, brand= "联想", color=" 灰色 ", memory=8):
        self.brand = brand
        self.color = color
        self.memory = memory
    def playGame():
        print(' 打游戏 ')
    def code(self):
        print(self.brand)
        print(' 写代码 ')
    def watchTV():
        print(' 看视频 ')
```

9. 创建一个人(Person)类,添加一个类字段来统计 Person 类的对象的个数。

```
class Person:
    count = 0
    def __init__(self):
        Person.count += 1
p1 = Person()
p2 = Person()print(Person.count)
```

本单元资源下载可扫描下方二维码。

课件 7　　　扩展资源 7

8.1 知识点定位

青少年编程能力"Python 二级"核心知识点 7 :（基本）包。

8.2 能力要求

掌握 Python 包的概念及使用，理解并构建包，具备解决多文件程序组织及扩展规模问题的能力。

8.3 建议教学时长

本单元建议 2 课时。

8.4 教学目标

1. 知识目标

本单元为包的概念及使用，通过联系生活案例，让学生理解包的创建、包的导入及包的使用等，为后续解决复杂工程问题奠定基础。

2. **能力目标**

通过对 Python 包的学习，学会对复杂问题进行分解，并对子任务或模块进行分类管理，提高代码的可维护性和可读性。锻炼学生从计算机的角度去思考问题，培养计算思维能力。

3. **素养目标**

培养学生的统筹管理能力、总结与抽象的能力，同时养成遵守规则的良好习惯。

8.5　知 识 结 构

本单元知识结构如图 8-1 所示。

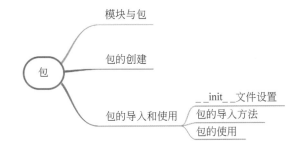

图 8-1　包知识结构

8.6　补 充 知 识

1. **pip 的介绍**

pip 是 Python 包管理工具，该工具提供了对 Python 包的查找、下载、安装、

卸载的功能。

如果在官网 https://www.python.org/ 上下载了最新的 Python 安装包，一般会自带 pip 工具。如果发现没有安装 pip 工具，也可以在 https://pypi.org/project/pip/ 中直接安装。接下来可以在命令工具中验证是否已经安装了 pip。

```
pip --version
```

pip 在命令行中作为一个可供使用的命令，其使用格式如下。

```
pip <command> [options]
```

其中，<command> 表示具体的命令，例如，install、list 等都是可供使用的命令；[options] 部分是使用命令时给出的选项，例如，__version 就是给出的一个选项。

1）安装包

使用 install 命令可以安装一个包。例如：

```
pip install PAAT_package              # 最新版本
pip install PAAT_package==1.0.4       # 指定版本
pip install 'PAAT_package>=1.0.4'     # 最小版本
```

PAAT_package 只是示意一个包名，根据具体要安装的包名替换这部分文字。

2）卸载包

使用 uninstall 命令可以卸载一个包。例如：

```
pip uninstall PAAT_package
```

3）搜索包

```
pip search  PAAT_package
```

2. **程序资源**

为了激发孩子的学习兴趣，本单元配套了 m1.py、m2.py 等程序，供授课教师选择演示。

8.7 教学组织安排

教 学 环 节	教 学 过 程	建议课时
知识导入	由原来所学的模块引入，发现模块使用过程中的问题，引入包的学习	1 课时
知识拓展	从网上下载 Django 包进行演示	
模块与包	介绍模块与包的区别与联系，介绍模块导入的几种方式	
包的创建	创建包文件夹，在该文件夹下包含一个 __init__.py 文件，对 __init__.py 文件进行编辑，在文件夹下创建模块文件，了解包的创建过程	
包的导入方法	介绍包的导入方法	1 课时
包的使用	通过实例讲解包的使用，展示最终效果	
单元总结	以提问方式总结本单元所学内容，布置课后作业	

8.8 教学实施参考

1. 知识导入

由原来所学的模块引入，发现模块使用过程中的问题，引入包的学习。

2. 知识拓展

简单介绍外部包 Django 的导入。

3. 包的创建

通过实例演示包的创建过程。包就是一个文件夹，在该文件夹下包含一个

__init__.py 文件,同时包含多个模块源文件,从某种意义上说,包的本质依然是模块。创建一个包的步骤如下。

(1)建立一个名为 PAAT_package 的文件夹。

(2)在 PAAT_package 文件夹下创建一个名为 __init__.py 的文件,该文件内容可以为空。

(3)在 PAAT_package 文件夹下创建模块文件,包括 send_message.py 模块和 receive_message.py 模块。其中,send_message.py 模块中包含 send()函数,receive_message.py 模块中包含 receive()函数。

4. 包的导入方法

在 __init__.py 文件中加入需要使用的模块,代码如下。

```
from . import send_message
from . import receive_message
```

5. 包的使用

使用 test.py 测试包的使用情况。

可以通过"import 包名(import PAAT_package)"一次性导入包中所有的模块,也可以每次只导入包中的特定模块,如 import PAAT_package.send_message,这样就导入了 send_message 模块。但是它必须通过完整的名称来引用。

```
import PAAT_message
PAAT_message.send_message.send()
PAAT_message.receive_message.receive()
```

也可以使用 from…import 语句直接导入包中的模块。

```
from PAAT_message import send_message
from PAAT_message import receive_message
send_message.send()
receive_message.receive()
```

还有另外一种方法可以直接导入函数，代码如下。

```
from PAAT_message.send_message import send
from PAAT_message.receive_message import receive
send()
receive()
```

6. 单元总结

小结本次课的内容，提问习题中的部分题目，检测学习效果，布置课后作业。

8.9 拓展练习

循环导入问题指的是在一个模块加载 / 导入的过程中导入另外一个模块，而在另外一个模块中又返回来导入第一个模块，由于第一个模块尚未加载完毕，所以引用失败，抛出异常。究其根源就是在 Python 中，同一个模块只会在第一次导入时执行其内部代码，再次导入该模块时，即便是该模块尚未完全加载完毕，也不会去重复执行内部代码。用代码写出循环导入的例子。

8.10 问题解答

【问题 8-1】 什么是包？

从物理上看，包就是一个文件夹，在该文件夹下包含一个 __init__.py 文件，该文件夹可包含多个模块源文件；从逻辑上看，包的本质依然是模块。

【问题 8-2】 如何创建包？

建立一个名字为包名的文件夹，包名的命名规则和变量名一致。

在该文件夹下创建一个名为 __init__.py 的文件，该文件内容可以为空。

根据需要在该文件夹下创建模块文件。

【问题 8-3】 如何导入包?

包的本质就是文件夹,导入包就相当于导入包下的 __init__.py 文件。

在 __init__.py 文件中加入需要使用的模块,代码如下。

```
from . import send_message
from . import receive_message
```

【问题 8-4】 包和模块是什么关系?

模块是一种以 .py 为扩展名的 Python 文件,可以理解为普通编写好的 Python 文件,要作为库文件使用,必须包含函数;模块名为该 .py 文件的名称。模块的名称作为一个全局变量 __name__ 的取值,可以被其他模块获取或导入。

包是在模块之上的概念,为了方便管理而将文件进行打包。包目录下第一个文件便是 __init__.py,然后是一些模块文件和子目录,假如子目录中也有 __init__.py,那么它就是这个包的子包。

【问题 8-5】 同学们在自己的计算机上查找一下,在自己计算机上的默认搜索路径是什么? 和其他同学查找到的结果对比一下,看看是不是一样的?

试着查找自己计算机上的默认搜索路径,并与同学们一起讨论。

8.11 第 8 单元习题答案

1. B   2. D   3. D

4. 操作过程主要步骤如下。

(1)创建 package_test 目录。

(2)在 package_test 目录下创建 test1.py、test2.py、__init__.py 文件。

(3)在 __init__.py 中写入两条语句:

```
from . import test1
from . import test2
```

(4)在 package_test 同级目录下创建 test.py。

(5)在 test.py 中加入 import package_test 就可以进行相关测试。

5. 按照如图 8-2 所示的目录创建文件。

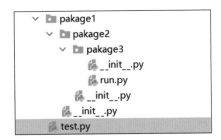

图 8-2　目录

只需要在 pakage1 下的 __init__.py 中写入 from .pakage2.pakage3.run import *，其他的 __init__.py 文件不变。

其中，test.py 的代码参考如下。

```
import pakage1
pakage1.fun()
info = pakage1.Info()
```

本单元资源下载可扫描下方二维码。

课件 8　　　　扩展资源 8

第 9 单元
命名空间及作用域

9.1　知识点定位

青少年编程能力"Python 二级"核心知识点 8：命名空间及作用域，全局变量和局部变量。

9.2　能力要求

熟练并准确理解语法元素作用域及程序功能边界，具备界定变量作用范围的能力。

9.3　建议教学时长

本单元建议 3 课时。

9.4　教学目标

1. 知识目标

本单元以命名空间及作用域学习为主，通过实例说明，让学生掌握什么是命名空间，命名空间的种类、作用域，命名空间的查找顺序，命名空间的生命

周期，局部变量和全局变量，global 关键字和 nonlocal 关键字等，为后续三、四级的高级应用打好基础。

 能力目标

通过对命名空间及作用域的学习，了解命名空间及作用域的概念，掌握命名空间的查找顺序，命名空间的生命周期，理解局部变量和全局变量，锻炼学习者准确理解语法元素作用域及程序功能边界能力以及界定变量作用范围的能力。

 素养目标

以引入学校、班级日常管理实例，养成遵守规则的良好习惯，同时培养学生的日常管理能力。

9.5 知识结构

本单元知识结构如图 9-1 所示。

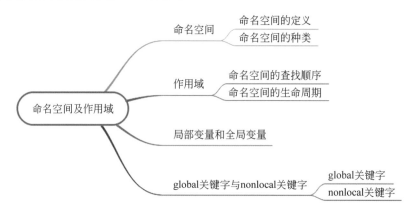

图 9-1 命名空间及作用域知识结构

9.6　补 充 知 识

1. 作用域种类

（1）L（Local）：最内层，包含局部变量，如一个函数／方法内部。

（2）E（Enclosing）:包含非局部（non-local）也非全局（non-global）的变量。比如两个嵌套函数，一个函数（或类）A 里面又包含一个函数 B，那么对于 B 中的名称来说，A 中的作用域就为 nonlocal。

（3）G（Global）：当前脚本的最外层，如当前模块的全局变量。

（4）B（Built-in）：包含内建的变量／关键字等。

搜索规则顺序为 L-> E->G-> B。局部找不到，然后在局部外的局部找（如闭包），再找不到就会去全局找，最后再去内置中找。

2. 程序资源

为了激发孩子的学习兴趣，本单元配套了拓展 9-1.py、拓展 9-2.py、拓展 9-3.py 等程序，供授课教师选择演示。

9.7　教学组织安排

教 学 环 节	教 学 过 程	建议课时
知识导入	以学校同名学生为例，引入命名空间及作用域的概念	
命名空间学习	通过提问、讨论、测试、动手操作等互动及实践掌握命名空间的定义及种类	1.5 课时
作用域	通过提问、讨论、测试、动手操作等互动及实践掌握命名空间的查找顺序、命名空间的生命周期	

续表

教学环节	教学过程	建议课时
局部变量和全局变量	采用代码演示操作熟练掌握局部变量和全局变量的准确使用	
global 关键字和 nonlocal 关键字	采用代码演示操作熟练掌握 global 关键字和 nonlocal 关键字	1.5 课时
单元总结	提问总结式总结本单元所学内容，布置课后作业	

9.8　教学实施参考

1. 知识导入

以学校同名学生为例，讨论应该如何起名字才不会引起歧义，引入命名空间及作用域的概念。

2. 命名空间学习

命名空间的主要作用是避免名字冲突。通过提问、讨论、测试、动手操作例 9-1 等互动及实践掌握命名空间的定义，理解内置命名空间（Built-in namespace）、全局命名空间（Global namespace）、局部命名空间（Local namespace）等种类。

3. 作用域

通过例 9-2、例 9-3 展示作用域及命名空间的查找顺序，带领学生一起动手探索命名空间的查找顺序；让学生初步了解命名空间的生命周期。

2. 局部变量和全局变量

（1）通过学生平时熟悉的事物，如船员和海鸥，以它们不同的活动范围进一步引出作用域的概念，从而明晰什么是局部变量，什么是全局变量。

（2）通过例 9-4、例 9-5 演示局部变量和全局变量，再带领学生实际操作，掌握局部变量和全局变量的正确使用。

 global 关键字和 nonlocal 关键字

通过例 9-6~ 例 9-10 演示 global 关键字和 nonlocal 关键字的使用，再带领学生实际操作，掌握 global 关键字和 nonlocal 关键字的正确使用。

 单元总结

小结本单元的内容，提问习题中的部分题目，检测学习效果，布置课后作业。

9.9 拓展练习

不要上机测试，说出下列 3 个程序的运行结果。

拓展 9-1

```
a = 10
def test():
    a = a + 1
    print(a)
test()
```

拓展 9-2

```
name = 'jack'
def test1():
    print(name)
def test2():
    name = 'tom'
```

```
    test1()
test2()
```

拓展 9-3

```
name = 'jack'
def test2():
    name = 'tom'
    return test1
def test1():
    print(name)
ret = test2()
ret()
```

第一个程序由于 test( ) 函数里面 a 没有值，所以会报错；第二个程序运行结果为 "jack"；第三个程序运行结果为 "jack"。

9.10 问题解答

【问题 9-1】 全局变量和局部变量的区别在于作用域，全局变量在整个 Python 文件中声明，全局范围内可以使用；局部变量是在某个函数内部声明的，只能在函数内部使用，如果超出使用范围（函数外部），则会报错。

【问题 9-2】 当局部变量与全局变量同名时，可以在函数内部使用 global 关键字来说明，这样在函数内部使用的是全局变量，而不是再次定义一个局部变量。

【问题 9-3】 第 1 个输出语句为 10，第 2 个输出语句为函数 fun( ) 里的输出语句，参数传递的值是 10，在函数内 x 的值为 10，a 通过关键字 global 变成了全局变量值为 20，因此输出值为 30，最后一个输出语句输出的是全局变量 a 的值为 20，所以选 B。

9.11 第 9 单元习题答案

1. C 2. D 3. D 4. D 5. C 6. A 7. D

本单元资源下载可扫描下方二维码。

课件 9   扩展资源 9

（1）青少年编程能力"Python 二级"核心知识点 9: Python 第三方库获取。
（2）青少年编程能力"Python 二级"核心知识点 9: Python 第三方库使用。

（1）基本掌握 Python 第三方库的查找和安装方法，具备搜索扩展程序功能的能力。

（2）基本掌握 Python 第三方库的使用方法，理解第三方库的多样性，具备扩展程序功能的基本能力。

本单元建议 4 课时。

知识目标

本单元以 Python 第三方库学习为主，通过实例说明，让学生根据特定功

能查找并安装第三方库，基本掌握 jieba 库、pyinstaller 库、wordcloud 库等第三方库的使用，为后续三、四级的高级应用打好基础。

 能力目标

通过对 Python 第三方库的学习，了解第三方库的查找和安装方法，掌握 Python 第三方库的使用方法，理解第三方库的多样性，锻炼学习者搜索扩展程序功能的能力以及扩展程序功能的基本能力。

 素养目标

引入中国传统文化故宫博物院相关内容，增进对中国历史和传统文化的了解，增强文化自信。同时养成遵守规则的良好习惯。

10.5 知识结构

本单元知识结构如图 10-1 所示。

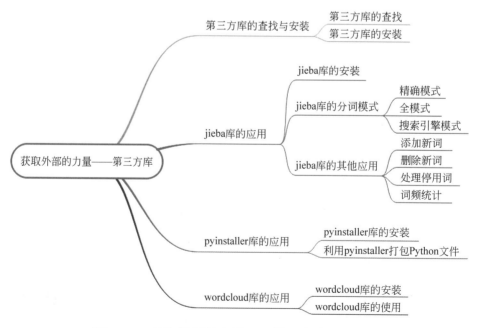

图 10-1 获取外部的力量——第三方库知识结构

10.6　补充知识

1. 通过国内源进行第三方库的安装

在使用 pip 安装第三方库时，pip 默认会从 Python 官方的 PyPI 源下载文件，速度比较慢，有时甚至会因为网络超时导致安装失败。国内的一些公司和机构提供了 PyPI 镜像源，可以从国内的这些镜像源安装 Python 包，以便提高下载速度。下面列出了一些常用的国内 PyPI 镜像。

（1）清华：https://pypi.tuna.tsinghua.edu.cn/simple。

（2）豆瓣：http://pypi.douban.com/simple/。

（3）阿里巴巴：http://mirrors.aliyun.com/pypi/simple/。

（4）中国科技大学：https://pypi.mirrors.ustc.edu.cn/simple/。

使用方法很简单，只需要到 cmd 命令窗口中输入命令：pip install -i PyPI 镜像 URL 即可。例如，要从清华大学提供的镜像位置安装 requests 库，可以使用如下命令。

```
pip install -i https://pypi.tuna.tsinghua.edu.cn/simple requests
```

2. 常用第三方库分类

（1）数据分析领域：numpy、scipy、pandas、Seaborn。

（2）Web 开发框架方面：Flask、Django、Pyramid、Tornado、WeRoBot（微信小程序）。

（3）视图可视化领域：mayavi、matplotlib、TVTK。

（4）网络爬虫领域：scrapy、requests、Pyspider。

（5）用户图形界面 (GUI) 领域：PyQt5、wxPython、PyGTK、turtle（但 turtle 属于标准库，不是第三方库）。

（6）数据存储领域：redis-py。

（7）自然语言处理领域：NLTK。

（8）人工智能领域：PyTorch、MXNet、Keras。

（9）视觉领域：OpenCV、Luminoth。

（10）深度学习领域：TensorFlow、Scikit-learn、Theano、MXNet、Caffe2、Keras、Pandle、PyTorch、Neon。

（11）机器学习领域：Tensorflow、Theano、scikit-learn。

（12）文本处理（Office 办公）领域：openpyxl、SnowNLP、dfminer、python-docx、beautifulsoup4、python-pptx。

安装：pip(第三方安装工具)。

将 Python 脚本程序转变为可执行程序的第三方库：pyinstaller。

图像处理：PIL。

艺术类：wordcloud(生成词云)、MyQR（ 生成二维码 ）、jieba(中文分词)。

游戏开发领域：Pygame、Panda3D、cocos2d、Arcade(图形)、FGMK、Panda3d。

Python 支持符号计算的第三方库：SymPy。

用于硬件开发的第三方库：Pyserial。

3. 程序资源

为了激发孩子的学习兴趣，本单元配套了拓展 10-1.py 等程序，供授课教师选择演示。

10.7 教学组织安排

教 学 环 节	教 学 过 程	建议课时
知识导入	借助外部力量——第三方库	1 课时
知识拓展	常用第三方库分类有哪些，演示部分第三方库的实现效果	
第三方库的查找及安装	通过演示、测试、动手操作等互动及实践掌握第三方库的查找及安装	
jieba 库的应用	通过演示、测试、代码演示操作等熟练掌握 jieba 库的安装、jieba 库的分词模式、jieba 库的添加删除新词、处理停用词、词频统计等应用	1 课时

续表

教学环节	教学过程	建议课时
pyinstaller 库的应用	通过演示、测试、动手操作等互动及实践 pyinstaller 库的应用	1 课时
wordcloud 库的应用	通过演示、测试、代码演示操作等熟练掌握 wordcloud 库的安装、wordcloud 的应用	1 课时
单元总结	提问总结式总结本单元所学内容，布置课后作业	

10.8　教学实施参考

1. 知识导入

虽然 Python 的内置库已经可以满足基础学习的大部分要求，但是利用合适的第三方库不仅可以大大节省开发时间，实现各种各样的复杂需求，更重要的是合理利用这些资源会使学习与开发变得更加便利与高效。请同学们谈谈自己的感受，引导学生树立借助外部力量的意识。

2. 第三方库的查找及安装

引导学生从 https://pypi.org/ 上搜索全球优秀的第三方库。介绍 Python 第三方库的 3 种安装方式：pip 工具安装、自定义安装和文件安装，重点演示 pip 工具安装。

3. jieba 库的应用

介绍优秀的中文分词 jieba 第三方库。

（1）jieba 库的安装。

（2）jieba 库的分词模式：通过例 10-1~ 例 10-3 介绍三种分词模式，分别是精确模式、全模式和搜索引擎模式。

（3）通过例 10-4 演示操作介绍如何添加新词。

（4）通过代码演示操作介绍如何删除新词。

（5）通过例 10-5 演示操作介绍处理停用词。

（6）以故宫博物院为例，通过例 10-6 演示操作展示词频统计，输出频率最高的前 15 个词。

 pyinstaller 库的应用

通过演示、测试、动手操作等互动及实践 pyinstaller 库的应用。

（1）pyinstaller 库的安装。

（2）利用 pyinstaller 打包 Python 文件，具体以生成 exe 文件为例。

 wordcloud 库的应用

（1）首先介绍词云图的特点。词云图是数据可视化的一种形式，其视觉冲击力比较强，可以让人一眼就看出主题，而不是从密密麻麻的文字报告中自己提炼主题，也可以用"焦点"来形容词云图。

（2）wordcloud 库的安装。

（3）WordCloud 类参数详解。

（4）WordCloud 类常用方法讲解，重点介绍 generate( ) 和 to_file( ) 方法。

（5）以故宫博物院文章（节选）为例，通过例 10-7 演示操作展示如何生成词云图。

（6）通过例 10-8 对代码进行改进，去掉一些与主题无关的"的""了""在""是""和""有"等干扰词，再生成词云图，对比两段代码的效果，引导学生找出不同之处，并说出自己对代码的理解，引导学生思考还可以如何更好地优化代码。

 知识拓展

常用第三方库分类有哪些？演示机器学习 Tensorflow 第三方库的实现效果。

 单元总结

小结本单元的内容，提问习题中的部分题目，检测学习效果，布置课后作业。

10.9 拓展练习

根据文章《北京冬奥科技冬奥》，文件为 beijing.txt，生成词云图，如图 10-2 所示。

图 10-2 《北京冬奥科技冬奥》词云图

10.10 问题解答

【问题 10-1】 略

【问题 10-2】 略

【问题 10-3】 WordCloud 类的 generate 方法的功能是由 text 文本生成词云，所以选 D。

【问题 10-4】 WordCloud 类的 to_file 方法的功能是生成词云的字体文件路径，所以选 B。

10.11　第 10 单元习题答案

1. D　　2. C　　3. D　　4. D　　5. D　　6. A　　7. C　　8. D　　9. C

10. D　　11. A　　12. A　　13. 略　　14. 略

本单元资源下载可扫描下方二维码。

课件 10　　　　　扩展资源 10

1. 标准编号

T/CERACU/AFCEC/SIA/CNYPA 100.2—2019

 2. 范围

本标准规定了青少年编程能力等级，本部分为本标准的第 2 部分。

本部分规定了青少年编程能力等级（Python 编程）及其相关能力要求，并根据等级设定及能力要求给出了测评方法。

本标准本部分适用于各级各类教育、考试、出版等机构开展以青少年编程能力教学、培训及考核为内容的业务活动。

 3. 规范性引用文件

下列文件对于本文件应用必不可少。凡是注日期的引用文件，仅注日期的版本适用于本文件；凡是不注日期的引用文件，其最新版本（包括所有的修改单）适用于本文件。

GB/T29802—2013《信息技术 学习、教育和培训测试试题信息模型》

 4. 术语和定义

4.1 Python 语言（Python Language）

由 Guido van Rossum 创造的通用、脚本编程语言，本部分采用 3.5 及之后的 Python 语言版本，不限定具体版本号。

4.2 青少年（Adolescent）

年龄在 10 岁到 18 岁之间的个体，此"青少年"约定仅适用于本部分。

4.3 青少年编程能力 Python 语言（Python Programming Ability for Adolescents）

"青少年编程能力等级 第 2 部分：Python 编程"的简称。

4.4 程序（Program）

由 Python 语言构成并能够由计算机执行的程序代码。

4.5　语法（Grammar）

Python 语言所规定的、符合其语言规范的元素和结构。

4.6　语句式程序（Statement Type Program）

由 Python 语句构成的程序代码，以不包含函数、类、模块等语法元素为特征。

4.7　模块式程序（Modular Program）

由 Python 语句、函数、类、模块等元素构成的程序代码，以包含 Python 函数或类或模块的定义和使用为特征。

4.8　IDLE

Python 语言官方网站（https://www.python.org）所提供的简易 Python 编辑器和运行调试环境。

4.9　了解（Know）

对知识、概念或操作有基本的认知，能够记忆和复述所学的知识，能够区分不同概念之间的差别或者复现相关的操作。

4.10　理解（Understand）

与了解（4.9 节）含义相同，此"理解"约定仅适用于本部分。

4.11　掌握（Master）

能够理解事物背后的机制和原理，能够把所学的知识和技能正确地迁移到类似的场景中，以解决类似的问题。

5.　青少年编程能力 Python 语言概述

本部分面向青少年计算思维和逻辑思维培养而设计，以编程能力为核心培养目标，语法限于 Python 语言。本部分所定义的编程能力划分为四个等级。每级分别规定相应的能力目标、学业适应性要求、核心知识点及所对应的能力要求。依据本部分进行的编程能力培训、测试和认证，均应采用 Python 语言。

5.1　总体设计原则

青少年编程等级 Python 语言面向青少年设计，区别于专业技能培养，采用如下四个基本设计原则。

（1）基本能力原则：以基本编程能力为目标，不涉及精深的专业知识，不

以培养专业能力为导向，适当增加计算机学科背景内容。

（2）心理适应原则：参考发展心理学的基本理念，以儿童认知的形式运算阶段为主要对应期，符合青少年身心发展的连续性、阶段性及整体性规律。

（3）学业适应原则：基本适应青少年学业知识体系，与数学、语文、外语等科目衔接，不引入大学层次课程内容体系。

（4）法律适应原则：符合《中华人民共和国未成年人保护法》的规定，尊重、关心、爱护未成年人。

5.2 能力等级总体描述

青少年编程能力 Python 语言共包括四个等级，以编程思维能力为依据进行划分，等级名称、能力目标和等级划分说明如表 A-1 所示。

表 A-1 青少年编程能力 Python 语言的等级划分

等　级	能　力　目　标	等级划分说明
Python 一级	基本编程思维	具备以编程逻辑为目标的基本编程能力
Python 二级	模块编程思维	具备以函数、模块和类等形式抽象为目标的基本编程能力
Python 三级	基本数据思维	具备以数据理解、表达和简单运算为目标的基本编程能力
Python 四级	基本算法思维	具备以常见、常用且典型算法为目标的基本编程能力

补充说明：Python 二级包括对函数和模块的定义。

青少年编程能力 Python 语言各级别代码量要求如表 A-2 所示。

表 A-2 青少年编程能力 Python 语言各级别代码量要求

等　级	能　力　目　标	代码量要求说明
Python 一级	基本编程思维	能够编写不少于 20 行 Python 程序
Python 二级	模块编程思维	能够编写不少于 50 行 Python 程序
Python 三级	基本数据思维	能够编写不少于 100 行 Python 程序
Python 四级	基本算法思维	能够编写不少于 100 行 Python 程序，掌握 10 类算法

补充说明：这里的代码量指解决特定计算问题而编写单一程序的行数。各级别代码量要求建立在对应级别知识点内容基础上。程序代码量作为能力达成度的必要但非充分条件。

6. "Python 二级"的详细说明

6.1 能力目标及适用性要求

"Python 二级"以模块编程思维为能力目标，具体包括如下四个方面。

（1）基本阅读能力：能够阅读模块式程序，了解程序运行过程，预测运行结果。

（2）基本编程能力：能够编写简单的模块式程序，正确运行程序。

（3）基本应用能力：能够采用模块式程序解决简单的应用问题。

（4）基本调试能力：能够了解程序可能产生错误的情况、理解基本调试信息并完成简单程序调试。

"Python 二级"与青少年学业存在如下适用性要求。

（1）前序能力要求：具备 Python 一级所描述的适用性要求。

（2）数学能力要求：了解以简单方程为内容的代数知识，了解随机数的概念。

（3）操作能力要求：熟练操作计算机，熟练使用鼠标和键盘。

6.2 核心知识点说明

"Python 二级"包含 12 个核心知识点，如表 A-3 所示，知识点排序不分先后。其中，名称中标注"（基本）"的知识点表明该知识点相比专业说法仅做基础性要求。

表 A-3 青少年编程能力"Python 二级"核心知识点说明及能力要求

序号	知识点名称	知识点说明	能 力 要 求
1	模块化编程	以代码复用、程序抽象、自顶向下设计为主要内容	理解程序的抽象及结构及自顶向下设计方法，具备利用模块化编程思想分析实际问题的能力
2	函数	函数的定义、调用及使用	掌握并熟练编写带有自定义函数和函数递归调用的程序，具备解决简单代码复用问题的能力
3	递归及算法	递归的定义及使用、算法的概念	掌握并熟练编写带有递归的程序，了解算法的概念，具备解决简单迭代计算问题的能力
4	文件	基本的文件操作方法	掌握并熟练编写处理文件的程序，具备解决数据文件读写问题的能力
5	（基本）模块	Python 模块的基本概念及使用	理解并构建模块，具备解决程序模块之间调用问题及扩展规模的能力
6	（基本）类	面向对象及 Python 类的简单概念	理解面向对象的简单概念，具备阅读面向对象代码的能力
7	（基木）包	Python 包的概念及使用	理解并构建包，具备解决多文件程序组织及扩展规模问题的能力
8	命名空间及作用域	变量命名空间及作用域，全局变量和局部变量	熟练并准确理解语法元素作用域及程序功能边界，具备界定变量作用范围的能力

序号	知识点名称	知识点说明	能力要求
9	Python 第三方库获取	根据特定功能查找并安装第三方库	基本掌握 Python 第三方库的查找和安装方法，具备搜索扩展程序功能的能力
10	Python 第三方库使用	jieba 库、pyinstaller 库、wordcloud 库等第三方库	基本掌握 Python 第三方库的使用方法，理解第三方库的多样性，具备扩展程序功能的基本能力
11	标准函数 B	5 个标准函数（见附录 B）及查询使用其他函数	掌握并熟练使用常用的标准函数，具备查询并使用其他标准函数的能力
12	基本的 Python 标准库	random 库、time 库等	掌握并熟练使用 3 个 Python 标准库，具备利用标准库解决问题的简单能力

6.3　核心知识点能力要求

"Python 二级" 12 个核心知识点对应的能力要求如表 A-3 所示。

6.4　标准符合性规定

"Python 二级" 的符合性评测需要包含对 "Python 二级" 各知识点的评测，知识点宏观覆盖度要达到 100%。

根据标准符合性评测的具体情况，给出基本符合、符合、深度符合三种认定结论。基本符合指每个知识点提供不少于 5 个具体知识内容，符合指每个知识点提供不少于 8 个具体知识内容，深度符合指每个知识点提供不少于 12 个具体知识内容。具体知识内容要与知识点实质相关。

用于交换和共享的青少年编程能力等级测试及试题应符合《信息技术 学习、教育和培训 测试试题信息模型》（GB/T29802—2013）的规定。

6.5　能力测试要求

与 Python 二级相关的能力测试在标准符合性规定的基础上应明确考试形式和考试环境，考试要求如表 A-4 所示。

表 A-4　青少年编程能力 "Python 二级" 能力测试的考试要求

内　容	描　述
考试形式	理论考试与编程相结合
考试环境	支持 Python 程序运行的环境，支持文件读写，不限于单机版或 Web 网络版
考试内容	满足标准符合性（6.4 节）规定

Python 标准函数如表 B-1 所示。

表 B-1　Python 标准函数

函　　数	描　　述	级　　别
open(x)	打开一个文件，并返回文件对象	Python 二级
abs(x)	返回 x 的绝对值	Python 二级
type(x)	返回参数 x 的数据类型	Python 二级
ord(x)	返回字符对应的 Unicode 值	Python 二级
chr(x)	返回 Unicode 值对应的字符	Python 二级
sorted(x)	排序操作	Python 二级（查询）
tuple(x)	将 x 转换为元组	Python 二级（查询）
set(x)	将 x 转换为集合	Python 二级（查询）